岭南文化读本

陈建文 主编

谭耀文 主编

岭南
特色果蔬

LINGNAN
TESE GUOSHU

SPM 南方传媒 | 广东科技出版社
全国优秀出版社
·广州·

图书在版编目（CIP）数据

岭南特色果蔬 / 谭耀文主编. —广州：广东科技出版社，2023.4
ISBN 978-7-5359-7846-2

Ⅰ. ①岭… Ⅱ. ①谭… Ⅲ. ①果树园艺—介绍—岭南②蔬菜园艺—介绍—岭南 Ⅳ. ①S6

中国版本图书馆CIP数据核字（2022）第055957号

岭南特色果蔬
Lingnan Tese Guoshu

出 版 人：严奉强
项目统筹：尉义明
责任编辑：尉义明　于　焦
装帧设计：琥珀视觉
责任校对：曾乐慧　李云柯　陈　静
责任印制：彭海波
出版发行：广东科技出版社
　　　　　（广州市环市东路水荫路11号　邮政编码：510075）
销售热线：020-37607413
http://www.gdstp.com.cn
E-mail：gdkjbw@nfcb.com.cn
经　　销：广东新华发行集团股份有限公司
排　　版：创溢文化
印　　刷：广州市彩源印刷有限公司
　　　　　（广州市黄埔区百合三路8号　邮政编码：510700）
规　　格：787 mm×1 092 mm　1/16　印张13.75　插页2　字数275千
版　　次：2023年4月第1版
　　　　　2023年4月第1次印刷
定　　价：68.00元
审 图 号：GS（2009）1707号

岭南文化读本

主　编　陈建文

副主编　崔朝阳　王桂科

岭南特色果蔬

编写单位　广州市农业科学研究院　广州市果树科学研究所

主　编　谭耀文

编　委（按姓氏音序排列）

常绍东　陈春锋　陈　健　陈　军

陈胜文　陈同良　戴修纯　冯瑞祥

郭　爽　何国平　胡　红　黄绍力

李伯寿　林春华　林鉴荣　刘淑娴

刘自珠　吕舒曼　罗金棠　欧阳勤友

乔燕春　秦晓霜　阮贤聪　沈思强

田耀加　王佛娇　王燕平　谢秀菊

徐社金　徐双明　徐勋志　游恺哲

张　华　张　晶　张文胜　张颖聪

张展伟　郑岩松　钟国君　周常清

前　言

　　岭南，北枕逶迤五岭，南临浩瀚大海，是我国热带亚热带果蔬资源的大宝库，也是"一带一路"走出去的创新硅谷。岭南以山川之秀异，物产之瑰奇，风俗之推迁，气候之参错，与中州绝异。岭南水果香飘四季，脍炙人口；岭南蔬菜新鲜四时丰，靓菜人安康。古往今来，这些人杰地灵的结晶——岭南果蔬从田间地头走向餐桌，从历史走向现在，见证了岭南大地社会、经济的变迁、发展。

　　岭南水果历史悠久，早在秦汉时期，番禺就已出现水果交易集市，其丰富的种类和优良的品质享有盛誉，其中荔枝、香蕉、柑橘、菠萝被誉为"岭南四大佳果"。岭南水果不仅是农业的一个重要部分，而且与人们的生活息息相关，见证历史的同时也伴随着人们的各项活动。在经济大发展、社会大转型的今天，岭南果业品种推陈出新、技术改良换代、功能延伸扩展，已造福一方百姓，成为岭南地区农业的重要支柱，更是一种岭南文化的符号。

　　区位优势明显，光热资源丰富，这些为岭南蔬菜产业的发展提供了十分有利的条件。岭南蔬菜的影响力和渗透力与日俱增，已经被越来越多的人所熟知并喜爱，菜心、芥蓝、黑皮冬瓜、节瓜、有棱丝瓜和紫红长茄等岭南特色蔬菜占全省蔬菜的60%以上。近年来，随着人们生活水平的提高，蔬菜已由满足饮食原材料的需要，转变为构建美好生活的重要元素，差异化、优质化、品牌化和特色化成为热销蔬菜的重要指标。越来越多的特色品种成为岭南蔬菜的一块块"金字招牌"，岭南蔬菜也进一步成为岭南文化、广东特色的重要载体。

　　岭南果蔬种类繁多，全书选取有特色、有代表性的岭南水果和蔬菜，介绍其特点、经济价值、文化历史、品种特色等，并对城市化下的

"果盘子"与"菜篮子"进行了展望，是展现岭南农耕文化的一部科普读物。

本书适合广大干部、农业科普工作者、农业文化研究人员、农林院校师生阅读，亦可作为大中小学学生的科普读本。本书在编写过程中得到了中共广东省委宣传部、广州市农业农村局、广州市科学技术局的大力支持，广大果蔬工作者给予了殷切关怀、热情帮助，在此一并感谢。由于时间仓促、编者水平所限，书中错误或不足之处在所难免，恳请读者对本书提出批评和建议。

编　者

2022年12月

目　录

一、岭南特色果蔬概述

　　五岭以南之地，早在《史记·五帝本纪》已有提及："北至于幽陵，南至于交阯，西至于流沙，东至于蟠木。"而在《史记·张耳陈馀列传》更清楚记载："北有长城之役，南有五岭之戍。"岭南在三国时属吴国之地，以合浦之南属交州，合浦以北属广州。岭南作为行政区域，隋代已有岭南诸郡地图（见"隋代岭南诸郡图"），唐代贞观年，是全国十道之一，不同朝代范围略有出入，大概包括当今我国的广东、海南、香港、澳门、广西大部和越南北部地区。现本书为方便数字的统计，结合传统习惯，把广东、广西、海南、香港、澳门等地列为岭南之地（见"岭南区域图"）。

五岭逶迤

（一）岭南的概貌概况

1. 五岭逶迤，海纳百川

岭南即五岭以南之地，为我国最南部。五岭从东到西包括大庾岭、骑田岭、萌渚岭、都庞岭和越城岭。北面由逶迤五岭与湖南、江西分隔，西与云南、贵州相连，东与福建相接，南临浩瀚南海。广东的最高峰为广东、湖南交界的石坑崆，海拔1 902米。广西的最高峰为桂北的猫儿山，海拔2 141米。

广州从化流溪河水库

岭南最高峰——广西猫儿山

广东最高峰——石坑崆霞晖

五岭麦秋残。荔子初丹。绛纱囊里水晶丸，可惜天教生处远，不近长安。

往事忆开元，妃子偏怜。一从魂散马嵬关，只有红尘无驿使，满眼骊山。

——欧阳修《浪淘沙》

百川归海

　　五岭、南岭、岭南、岭表等词我们经常在文献、报刊中可见。五岭即南岭，是相对于黄河水系与长江水系分界岭的秦岭（即北岭）而言。南岭是长江水系与珠江水系的分界。岭南或岭表是相对于站在北面的中原人而言，其文明较早，故而称五岭以南地区为岭南或岭表。

任何一种文化类型的产生，都离不开特定的自然条件和社会历史条件。这就是特定自然地理环境下的物质生产方式和社会组织结构。

——《中国文化概论》

广西合浦红树林

鹤山古劳石桥

丹霞山水

都庞岭下人家

岭南地形复杂，有山地、丘陵、台地、河网冲积平原，境内河流纵横交错，其中珠江三角洲、韩江三角洲和南流江三角洲为岭南主要平原地区。珠江如以流量计算，仅次于长江，是我国的第二大河。发源于云南东北部乌蒙山地，经贵州、广西，流入广东，称为西江，与源于江西入广东的东江和源于湖南入广东的北江，既合又分，形成纵横交错的珠江水系。由东而西的虎门、蕉门、洪奇门、横门、磨刀门、鸡啼门、虎跳门、崖门八口而入海。

广东乳源南岭小黄山

梅关古道

北宋大学士苏东坡的《赠岭上梅》："梅花开尽百花开，过尽行人君不来。不趁青梅尝煮酒，要看细雨熟黄梅。"诗人以品格高洁的梅花自喻，既不和"百花"一齐开，也不和"行人"一齐来；不在梅子未成熟时就急急忙忙去尝青梅煮酒，而是"要看细雨熟黄梅"。

岭南，南面与越南相连，与马来西亚、菲律宾、印度尼西亚等国隔海相望，是我国通往东南亚、印度、大洋洲、中东、欧洲等地的最近出海处。随着与海外交往而引入大量经济作物，包括大量带洋、番、胡、海字的及梵文译来的水果。

广西龙胜梯田

2. 天泽物阜，别于中州

岭南地区，属于热带亚热带季风气候，日照长，阳光足，太阳辐射量大。南受海洋暖风气流的调节，北有五岭阻隔来自北方的寒流，气候温暖，纬度较低而夏长冬短，海南一般没有寒潮影响；岭南大多数地区年平均气温为20℃；中华人民共和国成立以来录得广西资源县极端低温为−8.4℃。岭南地区雨量充沛，大部分地区年平均降水量都在1 500毫米；降水量最多出现于2001年的广西防城港，为4 147.1毫米，降水量最少为1979年的海南东方，为385.2毫米。

由于岭南受五岭阻隔，又在我国最南部，在古代被认为是"蛮陬绝徼"之地；又由于岭南的气候条件宜于植物生长，原始森林茂密，远古时岭南蛇虫鼠蚁多，瘴疟等地方病容易流行，直到唐代，还被称为"瘴疠之乡""化外之地"。

广东饶平渔乡晚霞

梅岭以梅著称

清代《广东新语》记载：『岭南花不应节候。予诗：花到岭南无月令。』并举例岭南的梅与菊花开放不应月令。

其实不是花到岭南无月令，而是古人未知植物的成花机制是不同的，秋菊是短日照成花，梅则是低温成花。北半球住秋分后，逐渐日短夜长，气温逐渐下降。岭南地处北半球低纬度地区，故菊花开花较迟，梅花开花较早。每个地方的秋菊总是在秋高气爽时开放，凋谢在冬来前，正如苏东坡所说：『荷尽已无擎雨盖，菊残犹有傲霜枝』。而梅花开花时间，毛主席说得最好『俏也不争春，只把春来报』。

——耕馀

海南热带雨林国家公园尖峰岭景区

秦代灵渠的开凿，中央加强了对岭南的统治与开发，唐代张九龄主持开挖的梅关古道，更加快了岭南的开化。岭南枕山面海的地理位置和特殊的自然气候条件，以及生产规模种植的水果从北纬18°20′到北纬26°24′，横跨8个纬度，包括多个农业自然生态系统，物种丰富，又与中原文明结合，从而使岭南成为"以山川之秀异，物产之瑰奇，风俗之推迁，气候之参错，与中州绝异"的人间乐土，"卢橘杨梅次第新"的水果世界。

西江支流——贺江

解放钟枇杷结果状

灵渠

又叫兴安运河。2 200多年前，秦始皇为统一中国，开发南越，运送粮饷，命令监御史禄带领10万人，筑坝凿渠，使属于长江水系的湘江和属于珠江水系的漓江连接起来，而成为我国古代从中原到岭南的唯一航道。灵渠与都江堰、郑国渠齐名，是世界上古老的运河之一。

（二）岭南水果的概况及特点

　　岭南水果历史悠久，早在秦汉时期，番禺（当时"广州"称为"番禺"）已是水果交易的集市，人们通过种植、贩卖水果而获利，故有"商人贩益广，乡人种益多"之说，水果业得到不断发展。无论是赵佗向汉高祖称臣进贡岭南物产和一骑红尘飞入长安，还是南汉朝为享乐而设的红云宴，都使岭南水果得以扬名。又因海上丝绸之路，加强了与海外物产的交易，禅宗西来，岭南人下南洋，无不携来更多外洋番邦的新物种。

　　岭南的水果种类丰富，其中以荔枝、香蕉、柑橘、菠萝分布最广，产量最多，质量最好，被誉为"岭南四大佳果"，番木瓜还有着"岭南

岭南四大佳果

晶莹剔透的石硖龙眼

果王"的美称。此外，还有杧果、阳桃、番石榴、龙眼、橄榄、黄皮、杨梅、波罗蜜、三华李、西瓜等。

古往今来，这些人杰地灵的结晶——岭南水果，不仅见证了岭南大地社会、经济的变迁、发展，而且也伴随着人们的各项活动。岭南人敬祖时用水果，礼佛时用水果。不论是享乐的皇家园林，还是富商巨贾呼朋唤友、炫耀财富，抑或"归来高士，退老东篱；知止名流，养安北牖"，都用果树来造园布景。"丫蝉叫，荔枝熟"的粤谣是说每年蝉叫时，荔枝就开始熟了。此外，民间习惯的"饥食荔枝，饱食黄皮"或是皇宫后妃怀孕而需上贡黎母汁（即柠檬汁，又名宜母水），都在诠释"不时不食"的概念。

岭南佳果现已成为岭南文化的符号，荔枝、龙眼、香蕉、菠萝、柑橘不断开拓北方市场，使更多的国人了解了岭南佳果，岭南佳果的品牌深入国人之心。品尝着岭南佳果，人们不禁联想到岭南的山川地貌、岭南的社会发展与变迁、岭南人的勤劳与智慧。同时，岭南果业的快速发展也造福了一方百姓，并成为岭南地区农业的重要支柱。

（三）岭南蔬菜的概况及特点

　　"宁可三日无肉，不可一餐无蔬"，蔬菜已成为人们餐桌上不可缺少的食品。岭南的蔬菜业历史不遑多让，早在清道光二十一年（1841年）广东《新会县志》称菜心始，岭南即今天的广东、广西、海南、香港、澳门等百越地区，就一直把"薹心菜"或"菜薹"称为菜心。时至今日，菜心这一称呼已不再是岭南专属，国宴之上菜心的身影更彰显了岭南蔬菜的影响力与渗透力。

菜靓民康

粉果番茄

广东蔬菜种植面积约2 000万亩（亩为非法定计量单位，1亩≈
666.67米²），是全国蔬菜种植面积第四大省，综合产值占农业种植产值
的40%。广东蔬菜不仅满足了本地市场供应，还销至我国北方、香港、澳
门，以及出口至东南亚、欧美等地。广东毗邻东南亚，区位优势明显，
光热资源丰富，这些为广东蔬菜产业的发展提供了十分有利的条件。

菜心、芥蓝、黑皮冬瓜、节瓜、有棱丝瓜和紫红长茄等岭南特色蔬
菜占全省蔬菜的60%以上。同时，随着人们生活水平的提高，蔬菜已由
满足饮食原材料的需要，转变为构建美好生活的重要元素，差异化、优
质化、品牌化和特色化成为热销蔬菜的重要指标。

三水黑皮冬瓜、连州菜心、合水粉葛、增城迟菜心、从化吕田大芥
菜、乐昌张溪芋头、水东芥菜、阳山七拱淮山、新丰佛手瓜、徐闻良
姜……成为岭南蔬菜的一块块"金字招牌"。近年来，广东将品牌农业
建设作为推进农业供给侧结构性改革的重要抓手，着力推进岭南特色蔬
菜品牌发展，打造出一批承载岭南文化、体现广东特色、受到广大百姓
赞誉的品牌农产品。

（四）岭南果蔬的营养价值

过去对岭南果蔬的需求主要是注重补充能量与满足口福，随着社会的发展，人们对果蔬有了新的要求与期待，更多地关注其帮助均衡饮食和促进环境优美与和谐。

人们注意到水果和蔬菜中富含大量的天然维生素C、类胡萝卜素和多种有益身体健康的矿物质元素、膳食纤维等。又根据岭南各个季节所产水果、蔬菜的营养保健特点，依不同人群体质需要、季节气候变迁，有选择地享用各种果蔬，诠释新的"不时不食"观念。传统上，都喜欢吃胭脂红番石榴，为的是美味，而现代人食用番石榴更多是为了实现均衡饮食，为身体提供维生素，使血糖稳定在正常值，成为一种健康生活习惯或需要。而今，在岭南各地，果蔬店真的是比米铺还多。不少地方还专门为有需要的人士配制以水果蔬菜为主的健康饮食套餐。

番木瓜与牛油果

大顶苦瓜滚鲜鲍鱼的主要材料

无论是现代营养学中有关维生素、矿物质、膳食纤维等对人体作用的论述，抑或是传统养生认为的"五谷为养，五果为助，五畜为益，五菜为充，气味合而服之，以补精益气"，都说明水果与蔬菜在我们的日常生活中是必不可少的。

红糯玉米

鳄鱼南瓜

鲜蔬四时丰

二、岭南特色水果

（一）历史悠久

1. 易方物

岭南水果的交易，早在西汉《史记·货殖列传》就有记载："番禺亦其一都会也，珠玑、犀、玳瑁、果、布之凑"，可见当时的番禺（当时"广州"称为"番禺"）已成为水果交易集散地。在《汉书·地理志》也有记载："粤地……处近海，多犀角、象、玳瑁、珠玑、银、铜、果、布之凑。中国往商贾者多取富焉。"说明当时岭南大多数的水果是往内陆地区销售的，经营者大获其利，且销售越旺，生产种植越多，故有"商人贩益广，乡人种益多"之说。在宋代《鸡肋编》中也述及："广南可耕之地少，民多种柑橘以图利。"

岭南水果砖雕

波罗蜜结果状

东莞樟木头镇刁龙村400年树龄的余甘子古树

余甘子结果状

物产交易成就千年商都——广州。

——耕馀

基于是地方特色物产，连余甘子这一小个头的水果，亦在宋代成书的《桂海虞衡志》也记载了："南方余甘子……多贩入北州……世间百果，无不软熟，唯此与橄榄，虽腐尤坚脆，可以比德君子。"由于种植、贩卖水果可以获利，种植形成规模，甚至连技术的物化品也卖上了。早在晋代成书的《南方草木状》记载："交趾人以席囊贮蚁，鬻于市者，其囊如薄絮，囊皆连枝叶，蚁在其中，并窠而卖……若无此蚁，则其实皆为群蠹所伤。"这就说明早在晋代已开展生物防治，并有物化技术转让销售。

　　当然，岭南水果主要是往内陆地区销售，通过海上丝绸之路的物产交易也销往海外。岭南作为海上丝绸之路的主要起点，海上贸易从秦汉时期已经开始，宋代至明代时则达到了鼎盛，清代初期，广州更是一口通商的口岸。古时中国主要以丝绸、陶瓷、茶叶、铜铁出口，而海外主要以香料、花草、奇果及一些宫廷赏玩的奇珍异宝进行交易。海上丝绸之路贸易的开通，丰富了岭南水果资源，发展了更多种类的水果。海外的水果有不少适应岭南的气候而生长、发展，使岭南不少水果都带有洋、番、西等字或梵文等之译音，如阳桃、番石榴、西番莲、番木瓜、波罗蜜、苹婆等。

封开油粟古树　　　　　　　　　　　　　番木瓜

经历了2 000年岁月的灵渠

荔熟时节

洛阳以牡丹为花。岁一月十五日，牡丹盛开，日花期。古诗：牡丹开日是花朝。广州以荔枝、龙眼为果。岁夏至日，贾人以板箱载荔枝、龙眼而北，曰果箱。予诗云：舟车北去果箱多。荔枝大熟日日果日。

——《广东新语》

广西灵山县新圩镇1 500多年树龄的灵山香荔古树

2. 贡珍品

秦末为南海尉的赵佗，在汉初自立为南越国王，后经汉使陆贾说服，为表示对汉高祖臣服，而进贡地方物产珍品。《西京杂记》记载：

广州南越王博物院

南越文王墓龙凤纹重环玉佩

广州园官进渴水，
天风夏熟宜檬子。
百花温作甘露浆，
南国烹成赤龙髓。

——《广东新语》

广东龙川南越王庙

广东连州骑田古道

荔枝干

"尉佗献高祖鲛鱼、荔枝，高祖报以蒲桃锦四匹。"自始到东汉中期300多年持续不断。南海郡设"圃羞官"，专门掌管岁贡果品，直至东汉和帝时，临武县县长唐羌要求取消上贡珍品，在一段时间里停歇了。据《后汉书·和帝纪》载："旧南海献龙眼、荔枝，十里一置，五里一候，奔腾阻险，死者继路。时临武长汝南唐羌，县接南海，乃上书陈状，帝下诏曰：'远国珍馐，本以荐奉宗庙，苟有伤害，岂爱民之本。'其敕太官勿复受献。由是遂省焉。"

东汉和帝是一个比较开明爱民的皇帝，自此贡水果停歇了一段时间，东汉中后期才又开始，到唐玄宗天宝年间进贡鲜荔枝更达顶峰了。

在东汉，已明确设立领薪专职负责贡岭南珍品水果的官员。《异物志》载有"交趾有橘官，置长一人，秩三百石，主岁贡御橘"。当时的"御橘"即现在的橙，可见，进贡岭南珍稀水果由来已久。而在宋代的

橙

广西灵山荔枝古树

《太平寰宇记》有载："黎母汁二瓶，开宝四年准宣旨进。"皇宫后妃怀孕不安，食不良，专贡宜母水下气和胃。

古时，贡品不仅有荔枝、龙眼，还有柑橘、香蕉、橄榄，甚至小小的余甘子也成为贡品，清代康熙年间，已有进贡带番字的番荔枝了。

越王井

越王井是岭南最著名的古井，它是当年赵佗在龙川时为解决百姓和驻军的饮水问题，带领士兵亲自所掘的一口井，也是赵佗在龙川时的饮水井。因为此井距赵佗的住宅仅有三四丈（1丈≈3.33米）之远。其泉源自鳌山，泉极清冽，味甘而香，"佗饮斯水，肌肤润泽，寿百岁有余，视听不衰"。也就是说，此井之水，既有美容功效，又能使视听不衰，还可以益寿延年，长命百岁。因而，自秦至今，此井之水，一直都被饮用。唐邑贤韦昌明并作有《越井记》，勒之于石。

种植于北京温室的岭南水果

3. 扶荔宫

自南越文王赵佗臣服汉高祖刘邦，进贡珍品，使岭南水果声名鹊起，到赵佗玄孙赵建德与朝廷矛盾恶化，汉武帝元鼎六年破南越后，组织了大量人力、财力、物力移植岭南名花珍果到长安城，并以荔枝为名，建造扶荔宫。据汉末的《三辅黄图》记载："扶荔宫，在上林苑中。汉武帝元鼎六年，破南越起扶荔宫。以植所得奇草异木：菖蒲百本；山姜十本；甘蔗十二本；留求子十

扶荔宫遗址位置

扶荔宫是世界上有文字记载的最早温室，汉武帝时期曾建于上林苑中，用于栽种南方佳果和花木。现我国北方有不少温室种植南方植物。

本；桂百本；蜜香、指甲花百本；龙眼、
荔枝、槟榔、橄榄、千岁子、柑橘皆百余
本。上木，南北异宜，岁时多枯瘁。荔枝
自交趾移植百株于庭，无一生者，连年犹
移植不息。后数岁，偶一株稍茂，终无华
实，帝亦珍惜之。一旦萎死，守吏坐诛者
数十人，遂不复莳矣。其实则岁贡焉，邮
传者疲毙于道，极为生民之患。"

枳

尽管建扶荔宫时对移栽的果树也进行
了保温，但受当时条件所限，所移植的岭
南果树都失败了。果树在某地栽植是否成
功，主要受其极端温度限制。正所谓"橘
种淮南是橘，种淮北是枳"。而影响其果
实品质的，除了温度外，还有土壤酸碱度
和所含微量元素、日照时数、昼夜温差、
降水量等因素。

荔枝

汉武帝移栽岭南地区果树建扶荔宫虽
然失败，但仍然不计代价要求年年进贡鲜
果，使岭南水果成为皇宫的珍品，拥有
它，品尝它，成为权力、财富的象征。

广东龙门百年年橘古树

灵渠

4. 一骑红尘

唐代杜牧一首诗："长安回望绣成堆，山顶千门次第开。一骑红尘妃子笑，无人知是荔枝来。"再一次把荔枝的身价推向巅峰位置，也引来往后历朝历代有关荔枝是从哪上贡、如何进贡、进贡到皇帝和皇妃面前是鲜荔枝还是荔枝干等争论。

宋代蔡襄的《荔枝谱》有说："洛阳取于岭南，长安来于巴蜀，虽曰鲜献，而传置之速，腐烂之余，色香味之存者亡几矣。是生荔枝，中国未始见之也。"苏东坡的"永元荔枝来交州，天宝岁贡取之涪。"白居易的"一日而色变、二日而香变、三日而味变、四五日外，色、香、味尽去矣。"都是一个意思，荔枝难保鲜、难贮运，进贡给唐玄宗、杨贵妃未有鲜荔。至于上贡路线，他们都认为东汉进贡去都城洛阳的荔枝是取于岭南，唐代进贡去都城长安城的荔枝是取于巴蜀。但根据《旧唐书》的记载："广州至都城长安五千四百四十七里。""杨、益、领表刺史，必求良工造作奇器异服，以奉贵妃献贺，因致擢居显位。"《新唐书》又有载："四方争为怪珍人贡。动骇耳目，于是岭南节度使张九章，广陵（扬州广陵）长史王翼以所献最，进九章银青阶，擢翼户部侍郎，天下风靡。妃嗜荔枝，必欲生

桂味荔枝

致之，乃置骑传送，走数千里，味未变已至京师。"可见，当时进贡鲜荔枝，不论巴蜀还是岭南都有上贡，但最后以优取胜。岭南荔枝品质优于巴蜀所产，故定为上贡，上贡之人另得擢升。在《新唐书·地理志》也有记载："广州南海郡，中都督府。土贡……，广州南海郡银、藤簟、竹席、荔枝、鼊皮、鳖甲、蚺蛇胆、石斛、沉香、甲香、詹糖香。"而巴蜀的剑南道中只戎州有提及荔枝的加工品"戎州……土贡

用竹筒存放38天的桂味

一骑红尘妃子笑

相传唐玄宗的爱宠杨贵妃喜食荔枝，而南海所产荔枝，尤胜于蜀，所以每年飞骑传送，走数千里，马死无数而荔枝之味不变。杜牧的"一骑红尘妃子笑，无人知是荔枝来"说的是明皇致远物以悦妇人，穷人之力，走传之神速如飞，人不见其为何物也。

葛纤、荔枝煎。"在《唐国史补》又更详细记载:"杨贵妃生于蜀,好
食荔枝。南海所生,尤胜蜀者,故每岁飞驰以进,然方暑而熟,经宿则
败,后人皆不知之。"这就清楚地表明,巴蜀与岭南都曾上贡荔枝,但
岭南果优而成贡品。

增城挂绿荔枝母树

骑田古道

　　骑田岭是五岭山脉之一，在明嘉靖四十年（1561年）的《广东通志》上是这样记载骑田岭的："骑田……即黄岑山　是为楚越之关，与诸岭相连，横绝南北，气候寒燠顿殊，……"骑田岭不但是中原进入南越的关隘，而且还是中原与岭南的分水岭。顺头岭就是位于骑田岭南麓的一座大山。顺头岭上有一条顺着山势蜿蜒逶迤的古道，古道宽约三米，在山岩上一级级开凿出来，从山下到山上共有八千八百多级，这就是秦汉时期沟通五岭南北的第一条古道。"一骑红尘妃子笑，无人知是荔枝来"所描述的进贡荔枝正是由此道进贡朝廷的。

再就是要弄清楚，杨贵妃有否尝到新鲜荔枝？

无可否认，荔枝在炎夏方熟，不耐贮运。据估算，广州到长安（今西安）用马接力跑七日七夜方到。经实验，不同荔枝品种，贮于鲜竹筒8昼夜后，有20%～50%仍保持原有色泽。把色泽仍好的挑出，献于贵妃是可以做到的。白居易之所以有"四五日色、香、味尽去矣"的说法，是希望不要因滋味而劳民伤财。而宋代蔡襄时已用船运盆栽结果荔枝上贡了，才有宋徽宗"何必红尘飞无骑，芬芳数本座中看"之诗句。而蔡襄《荔枝谱》所说的："验今之广南州郡与夔梓之间所出，大率早熟，肌肉薄而味甘酸，其精好者仅比东闽之下等。"是否真实，用清代屈大均《广东新语》中说的作答可服众否？"闽粤荔枝，优劣向无定论。世

广州萝峰寺古荔

怀枝荔枝

之品荔枝者不一，或谓闽为上，蜀次之，粤又次之；或谓粤次于闽，蜀
最下。以予论之，粤中所产挂绿，斯其最矣。福州佳者，尚未敌岭南之
黑叶。而蔡君谟谱乃云，广南州郡所出精好者，仅比东闽之下等，是亦
乡曲之论也。"屈大均是岭南人，说岭南荔枝好，恐也难服人，他就没
有"乡曲"吗？当今之荔枝，孰优孰劣，杨贵妃远去了，只能由当今世
人评说。但有两点是公认的，其一荔枝是我国古代拥有专著最多的一种
果树；其二荔枝是原产中国的水果且在世界上有深远的影响。

5. 皇帝朱批

清代雍正年间，要求地方督抚道台及时上奏折，反映地方天气、治安、农业、经济、民情等情况。雍正在其《御笔》中写到让臣僚进呈奏折的目的时说："然耳目不广，见闻未周，何以宣达下情，洞悉庶务，而训导未切，诰诫未详，又何以使臣工共知朕心，相率而遵道遵路，以继平治之政绩，是以内外臣工皆令其具折奏事，以广咨诹，其中确有可采者，即见诸施行，而介在两可者，则或敕交部议，或密谕督抚灼夺奏闻。"我们通过督抚等地方官给雍正的奏折及皇帝的朱批，可大致了解清代初期岭南地区农业、经济发展概况。

清代初期，广州作为唯一通商口岸，广东工商业得到了较快发展，尤其是广州、佛山等地。通过对外贸易，广州已是全国重要的税源地。工商业的发展，使不少农村人口、省内外工商业人口向城市集中。正如屈大均在《广东新语》载："天下游食奇民，日以辐辏，若士宦，若工商，若卒徒白抢，若倡优游媚，增至数千百万。"这样一方面活跃了市

萝岗橙园

场，另一方面又增加了广东粮食缺口的压力。

果蔗

清代的《岭南杂记》中记载："广州可耕之地甚少，民多种柑橘以图利。"当时广东山多田少，人口又增长较快，农民如何以有限的土地，获得更大的利益，只能因地制宜地发展经济作物。据《广东新语》载："番禺鹿步都，自小坑火村至萝岗，三四十里，多以花果为业。其土色黄兼砂石，潮咸不入故美。每田一亩，种柑橘四五十株，粪以肥土，沟水周之。又采山中大蚁，置其上以辟蠹。经三四岁，橘一株收子数斛，柑半之。柑树微小

槟榔

于橘，橘茂盛可至二十余岁。柑亦半之。熟时黄实离离，远近照映，如在洞庭包山之间矣。自黄村至朱村一带，则多梅与香蕉、梨、栗、橄榄之属，连冈接阜，弥望不穷，史所称番禺多果布之凑是也。吾粤自昔多梅，梅祖大庾而宗罗浮，罗浮之村，大庾之岭，天下之言梅者必归之。若荔枝，则以增城为贵族。柑、橘、香橼，以四会为大家。岁之正月，广利墟卖柑橘秧者数十百人，其土良，其柑甜美，胜于四会、新兴。其种散在他处，香味迥殊，以故居人擅其利。番禺土瘠而民勤，其富者以稻田利薄，每以花果取饶。贫者乃三糯七粘，稼穑是务。或种甘蔗以为糖，或种吉贝以为絮。南海在膏腴，其地宜桑宜荔枝，顺德宜龙眼，新会宜蒲葵，东莞宜香宜甘蔗，连州、始兴宜茶子，阳春宜缩砂蔤，琼宜槟榔、椰。或迁其地而弗能良，故居人利有多寡。"

广州沙面（清）粤海关俱乐部

雍正朱批

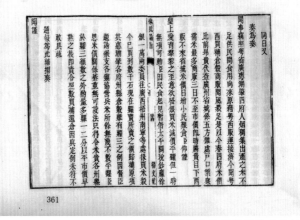

广东巡抚杨文乾奏折及雍正朱批

　　经济作物的大发展，使原本田地紧缺而人口又快速增长的广东，更欠缺粮食了，处理不当就会酿成社会不稳。故此，督抚大员经常向皇帝呈折，汇报粮食情况。在雍正四年，广东巡抚杨文乾上奏："粤省广惠潮肇四府人烟稠集，出产之米不足供民间食用，向来原籍粤西贩运接济，今闻粤西买补仓谷商贩闻风裹足，是以今春四府米价比前昂贵，伏查广州省城系五方杂处，户口繁众，需米最多，商贩三日不至，市价即时腾贵。目下西贩不来，省城米价日增，小民艰食，臣仰体皇上爱育群黎之至，意欲发银买米，减价平粜，但一时无项可动，臣因民食起见，暂借太平关税钞。盈余银一万两，委员往广西梧州、南宁等处采买米谷。今已买到数千石，现在粜卖，所卖之价归补原项。其惠潮肇各府州县，仓谷虽有粜三之例，因督臣题请碾支各镇协营兵米所余无几，不敷平粜。臣思米价关系綦重，无可设法，只得令米贵各州县于粜三额数之外酌多粜一二分以平市价，早熟之后，即责令照数买补还仓，因与定例未符，不敢见疏题报，为此缮摺奏闻。"雍正即批："虽与定例不符，因时制宜，当如此通融，但仓庾积贮所关甚钜，必周详筹划，而后举动，不可漫忽。"

　　民间通例，因地制宜获利为先；皇帝朱批，因时制宜以济民艰。

6. 行商花园

南临浩瀚大海的岭南，自古就是海上丝绸之路的一个起点。这早在《汉书》中就有记载："自日南障塞，徐闻、合浦船行可五月，有都元国；又船行可四月，有邑卢没国……有黄支国，民俗略与珠崖相类。其州广大户口多，多异物……所至国皆禀食为耦，蛮夷贾船，转送致之，亦利交易……。"这表明，广东雷州半岛的徐闻和广西的合浦已是海外贸易的出发点。在隋唐以前，海上丝绸之路只是陆上丝绸之路的一种补充，但到了宋代时，陆上丝绸之路被战争所阻断，同时伴随造船水平的提高，海上丝绸之路逐渐代替了陆上丝绸之路，成为我国对外交往的主要通道。而岭南的中心地广州，自乾隆二十二年（1757年）只保留粤海关一口通商，到1842年五口通商止，这80多年期间，使广州的对外贸易有"金山珠海，天子南库"之称，并成就了一批富商巨贾。《广东新语》载有竹枝词一首描述了当时外贸盛况："洋船争出是官商，十字门

番禺余荫山房

顺德清晖园

东莞可园

开向南洋，五丝八丝广缎好，银钱堆满十三行。"从事外贸的半官半商的十三行商人，在广州一口通商期间，所积聚的财富，可谓富可敌国，他们修造了大批园林、别墅。其中以当时潘仕成的海山仙馆最负盛名。

美国人亨特所写的《旧中国杂记》有载："外国朋友们认为，得到许可到潘启官在泮塘的美丽住宅去游玩和野餐是一种宠遇，特别是当他一家不在泮塘而在河南（广州城区珠江南岸）的时候。无论我们是划船的时候去休息，还是到那布置美妙的园子去散步，任何时候都有负责管理的仆人彬彬有礼地接待我们。

这是一个引人入胜的地方。外国使节与政府高级官员，甚至与钦差大臣之间的会晤，也常常假坐这里进行。这里到处分布着美丽的古树，有各种各样的花卉果树。像柑橘、荔枝，以及其他一些在欧洲见不到的果树，如金橘、黄皮、龙眼，还有一株蟠桃。花卉当中有白色、红白色和杂色的茶花、菊花、吊钟、紫菀和夹竹桃。跟西方世界不同，这里的花种在花盆里，花盆被很有情调地放在一圈一圈的架子上，形成一个个上小下大的金字塔形……"

洋人把潘仕成误弄成潘启官，但对园中的奇花异果的描述倒是把岭

海山仙馆图（局部）

南的物产扬名至海外。

潘仕成后来生意做砸了，园子被朝廷变卖。随着时代的变迁，只能看到海山仙馆一角的荔湾湖公园了。富商巨贾，邀朋呼友，炫耀财富的海山仙馆成为人们的记忆，而"归来高士，退老东蓠；知止名流，养安北牖"的"岭南四大名园"：佛山梁园、番禺余荫山房、顺德清晖园、东莞可园，尽管园主人远去了，但古老的果树仍硕果累累，成为岭南园林中果树与造园完美结合之典范。

石湾公仔　　　岭南盆景

7. 下南洋

岭南现今所产的水果名称中不少带有番、洋、西等字，这与岭南人海外贸易和下南洋谋生、游学等社会活动经历密切相关。

下南洋与中华民族另外两次大迁徙——走西口、闯关东不同。走西口、闯关东都是在国内迁徙，而下南洋则是漂洋过海去国外谋生、避难、游学。南洋的地理概念从广义上说不单是现在的东南亚诸国，也包括澳大利亚、新西兰、印度，以及太平洋诸岛。下南洋早在秦汉时期已有，凡是朝代更替，不堪战乱的普通百姓和权力失落的前朝贵族，不少人会过岭南越洋到南洋去。但他们更多的是为改变个人或家族命运、经济压迫，谋求经济发展、寻求新的知识而出洋谋生、游学、求知。英国、荷兰殖民统治下的南洋，正处于快速开发过程，对劳动力需求非常大，而我国东南沿海又有大量的失地农民。据不完全统计，1840—1930年的90年间，每年由福建、广东两省输出约10万人。

在下南洋的人群中，有些挨不住回来了，但更多的是树高千丈，落叶归根回来了，光宗耀祖回来了，报效祖国、家乡寄物资回来了。这样不仅带回了海外的理念，还带回了海外的物种。典型的例子是世界文化遗产的"开平碉楼与村落"，还有广州东山的小洋楼、广州区庄的华侨新村。在开平马降龙村有一大片一个人抱不拢的阳桃林。在广州东山的小洋楼也不时可见原产于南洋的果树，80多年生的人心果，几十年生的波罗蜜、洋蒲桃等树。在广州区庄则有几层楼高

开平碉楼

开平立园

影响中国近代社会发展的部分书籍

广州东山小洋楼

广州区庄小洋楼

的番石榴树。

海外谋生、游学不仅开阔了他们的视野，更为岭南带回了新的思想理念，使岭南成为推动中国近代社会发展的重要发源地，如洪秀全的族弟洪仁玕的《资政新篇》、郑观应的《盛世危言》、容闳的《西学东渐记》、康有为的《大同书》、梁启超的《饮冰室合集》、孙中山的《三民主义》等。其中郑观应的《盛世危言》很典型地反映了岭南经商贸易思想，他主张经商致富而强国："士无商则格致之学不宏，农无商则种植之类不广，工无商则制造之物不能销，是商贾具生财之大道。而握四民之纲领也，商之义大矣哉……我之商务一日不兴，则彼之贪谋亦一日不辍。纵令猛将如云，舟师林立，而彼族谈笑而来，鼓舞而去，称心餍欲，孰得而谁何之哉？吾故得以一言蔽之曰：习兵战，不如习商战。"

南洋是地球物种集中区之一，岭南人下南洋带回了不少新的物种，丰富了岭南的水果种类，基于是海外"番邦"带回来而带有洋、番、西等字眼。尽管有些树种很久以前已引入岭南，但同一树种、新的品种还是源源不断引入。引入的果树当中有不少是清楚何时何人引入的，如番木瓜早在明清时期，甚至有考究唐宋时就已引入，但在民国时期，旅居南洋的刘开谥、刘立夫兄弟带回番木瓜种子，给了岭南大学校长钟荣光先生，从而在广州河南（广州城区珠江南岸）一带发展了大片番木瓜。孙中山从夏威夷带回了酸豆，现仍在其故居生长茂盛。广东罗定的七根松阳桃是从新加坡带回来的阳桃食后播种而成。海南雷虎岭的人心果是从南洋带回来的果实食后播种而成。有些果树原产美洲，由美洲经西印度群岛到东南亚再到岭南，如菠萝、番石榴、西番莲等。来到岭南后，适应气候水土的就得到了发展，并逐渐本土化，但岭南人仍根据其来源或形状给了它们一个很直观名字。

澳门葡式建筑

汕头陈慈黉故居

（二）四季飘香

岭南地处热带亚热带，气候温暖，雨量充沛，山川秀异，地貌多变，生态参错。原产的果树种类繁多，如荔枝、龙眼、香蕉、柑橘、橄榄、余甘子等。作为鲜食的香蕉又可分为香蕉、粉蕉、大蕉、龙芽蕉、贡蕉几大类；柑橘又分为橙、柑、橘、柚、枸橼、金柑等大类。并随着岭南地区社会、经济、科技的发展，科研人员从这些树种中选育出不少优质品种，如糯米糍、桂味、白腊、白糖罂、挂绿、水晶球、井岗红糯、仙进奉、黑叶、怀枝、妃子笑等荔枝品种，石硖、储良、大乌圆等龙眼品种，数不胜数。

海上丝绸之路、禅宗西来、下南洋等人文活动，又从海外"番邦"引入诸如番木瓜、番石榴、西番莲、苹婆、波罗蜜、菠萝等水果，更以岭南人的勤劳智慧，使这些水果不断乡土化，并通过杂交选育培植了更多适合在岭南生长、结果的新品种。

时至今天，荔枝、香蕉、柑橘、菠萝已成为"岭南四大佳果"，番木瓜则被誉为"岭南果王"。科学技术不断改良，区域布局更趋合理，道路交通越加便利，使岭南鲜果不断，四季飘香。

岭南佳果

萝岗糯米糍荔枝

增城挂绿荔枝

水晶球荔枝

1. 荔枝

荔枝（*Litchi chinensis* Sonn.）古称离支、荔支，南亚热带常绿乔木果树。岭南是荔枝的主要原产地，有2 000多年的栽培历史，其形、色、香、味俱佳，有"果中之王"的美誉，为历代诗人墨客所吟咏歌颂。明代宋珏云："荔枝之于果也，仙也，佛也，实无一物得拟者"。宋代苏轼的诗句"日啖荔枝三百颗，不辞长作岭南人"更在民间广为流传。岭南荔枝品种丰富，果实品质优异。目前，荔枝生产仍然是岭南水果业的重要支柱，栽培面积达738万亩，占全国荔枝总面积的93.10%，产量263.47万吨，占全国荔枝总产量的93.62%（2021年）。每当荔枝飘香时，四方游客、亲朋好友、水果经销商等云集各荔枝产区，或到荔园来旅游观赏，品果作乐，或采购珍果，到处呈现出繁忙热闹的景象。

白糖罂荔枝

白腊荔枝

妃子笑荔枝

南岛无核荔

荔枝时节出旌游，南国名园尽兴游。

乱结罗纹照襟袖，别含琼露爽咽喉。

叶中新火欺寒食，树上丹砂胜锦州。

他日为霖不将去，也须图画取风流。

——曹松《南海陪郑司空游荔园》

高州古荔枝树

荔枝，甘温滋润，最益脾肝精血，最宜此味。功与龙眼相同，但血热宜龙眼，血寒宜荔枝。干者味减，不如鲜者，而气质和平，补益无损，不至助火生热，则大胜鲜者。

——《玉楸药解》

荔枝果熟期4—8月。果实浓甜而微带酸，柔软多汁，营养和保健价值俱高。含有丰富的果糖、葡萄糖、维生素B_1、维生素B_2、磷、铁等。果实除鲜食外，还可制荔枝干、糖水罐头、醋及酒，果壳可提炼单宁等。据李时珍《本草纲目》记载，常食荔枝能补脑健身、开胃益脾，干制品能补元气，为产妇及老弱者的补品。此外，荔枝花量大，花期长，泌蜜量多，是良好的蜜源植物。

岭南荔枝品种资源十分丰富，《中国果树志·荔枝卷》记载产于广东的荔枝品种、品系、单株83个，广西50个，海南8个，海南野生荔枝单株9个；近年，各荔枝产区仍不断从散布于村落的老龄实生荔枝中挖掘筛选出优良品种，如广东的马贵荔、荷花大红荔，广西的钦州红荔、立秋荔，海南的春藤等。现岭南荔枝主要栽培品种有三月红、黑叶、妃子笑、白腊、白糖罂、紫娘喜、南岛无核荔、桂味、糯米糍、井岗红糯、仙进奉、新兴香荔、灵山香荔、怀枝等。荔枝以广州附近出产者为优，其中毕村糯米糍、钱岗糯米糍、萝岗桂味、水厅桂味，增城水晶球、增城挂绿等均为广州荔枝名产。

三月红荔枝

储良龙眼

龙眼多食益智，子诗："采摘日盈筐，香生比目房。食多能益智，本草有仙方。"

——《广东新语》

2. 龙眼

龙眼（*Dimocarpus longan* Lour.）又名益智、桂圆、圆眼等，是南亚热带常绿果树。岭南是龙眼的主要原产地，现栽培面积以我国最大，产量最多，泰国和越南等国也有栽培。我国产区主要集中在广东、广西、福建、海南、台湾和四川等省区。龙眼和荔枝并列为我国南亚热带名贵特产水果，是岭南最重要的经济果树之一。每年5—9月是岭南龙眼的收获期。

龙眼营养和保健价值颇高，被视为"南方人参"。李时珍在《本草纲目》中认为"资益以龙眼为良"，具有开胃健脾、补虚益智的作用，可作为治疗神经衰弱、贫血、病后体虚、妇女产后血亏等的滋补品。

古山2号龙眼

目前，岭南龙眼主要栽培品种有石硖、储良、古山2号、大乌圆、中山脆肉等。著名龙眼有广州土华石硖、广州李溪石硖、高州储良、广西大乌圆、中山脆肉等。

龙眼与荔支，异出同父祖。端如甘与橘，未易相可否。异哉西海滨，琦树罗玄圃。累累似桃李，一一流膏乳。坐疑星陨空，又恐珠还浦。图经未尝说，玉食远莫数。独使皱皮生，弄色映雕俎。蛮荒非汝辱，幸免妃子污。

——苏轼《廉州龙眼质味殊绝可敌荔支》

石硖龙眼

大乌圆龙眼

3. 柑橘

柑橘①是家族比较庞大的一类，是橙类、宽皮柑橘类、柚类、枸橼类、金柑属等的总称。其中宽皮柑橘（*Citrus reticulata* Blanco）简称柑橘，为柑橘主要栽培种类之一，原产于中国，栽培历史4 000年以上，岭南栽培柑橘的时间长，面积大，品种多，产量高，品质优。目前，北回归线附近及以北各地均有生产栽培。以砂糖橘种植面积最大。

柑橘
食之下气，主胸热烦满。
——《食经》

注：①柑橘为芸香科柑橘亚科果树。岭南的柑橘种类繁多，主要栽培类别可分为橙类，如甜橙；宽皮柑橘类，如柑、橘；柚类，如沙田柚、琯溪蜜柚；枸橼类，如枸橼、柠檬、来檬；金柑属的金弹五大类。

柑橘果实荟萃

贡柑

柑橘树形较矮小，属小乔木。果皮松宽可剥，囊瓣彼此容易分离，食用方便。按性状差异可分为柑与橘两类，前者优良品种有贡柑、蕉柑、茶枝柑等，后者则有砂糖橘、温州蜜柑、年橘、椪柑、春甜橘等。著名特产有四会砂糖橘、龙门年橘、德庆贡柑、潮州蕉柑。而新会茶枝柑则是制作陈皮的最好品种。

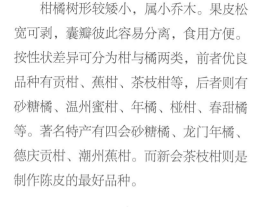

蕉柑

椪柑

新会茶枝柑

春甜橘

砂糖橘

甜橙〔*Citrus sinensis*（Linn.）Osb.〕别名广柑，热带亚热带常绿果树，原产我国华南地区和亚洲中南半岛，我国四川、广东、福建、广西、湖北、湖南、江西、台湾等省区广为栽培。岭南的新会橙、仑头脐橙、萝岗甜橙、红江橙等曾为岭南甜橙的名牌品种。

萝岗甜橙

丰产的红江橙

柚 [*Citrus maxima*（Burm.）Merr.] 别名碌柚、文旦，原产中国，主要栽培于中国、泰国、越南、马来西亚、印度等国。岭南是柚的主产区，是著名品种沙田柚的原产地。

柑橘采收期为10月至翌年5月。果实富含维生素、矿物质、叶酸等营养物质，具有开胃理气、止渴、润肺止咳、预防高血压、抗癌等功效。果实可鲜食，也可做沙拉及制果汁、果酱等。

琯溪蜜柚

梅州金柚

化州橘红

广西沙田柚

4. 香蕉

香蕉（*Musa* spp.）原产亚洲东南部和我国南部，为多年生常绿单子叶大型草本植物，为芭蕉科（Musaceae）芭蕉属（*Musa*）植物。根据食用方式，广义上将香蕉简单分为鲜（甜）食香蕉（Desert banana）、煮食香蕉（Cooking banana）和菜蕉（Plantain）三大类；在栽培品种上，世界上有近300个品种，而目前我国主要鲜食香蕉根据其植株形态特征和经济性状，可分成香牙蕉（*Musa* AAA Cavendish）、大蕉（*Musa* ABB）、粉蕉（*Musa* ABB Pisang Awak）、龙牙蕉（*Musa* AAB Sikl）和贡蕉（*Musa* AA Pisang Mas）五大类。

香蕉
治咳润肺解酒，清脾滑肠；
脾火盛者食之，反能止泻止痢。
——《本草求原》

食用蕉中的部分品种

　　香蕉为"岭南四大佳果"之一，栽培历史悠久，主产区为海南，广东徐闻、高州及广西浦北等地。目前栽培的香蕉中，以香牙蕉（亦简称香蕉）最多，呈连片种植，而粉蕉、大蕉、龙牙蕉和贡蕉则零星分布。

　　香牙蕉类型：是目前国内栽培面积最大、产量最多的品种群。成熟时果实棱角小而近圆形，未成熟时果皮黄绿色，在常温25℃以下成熟的果实，其果皮为黄色，在夏秋高温季节自然成熟的果实，果皮为绿黄色；果肉呈黄白色，味甜而浓香，无种子，品质上乘。在香牙蕉类型中，由于假茎高度和果实特征不同，又分为高、中、矮三种类型。

　　大蕉类型：果指较大，果身直，棱角明显，果皮厚而韧；成熟时果皮黄色，果实偶有种子，味甜带酸，无香味。对土壤适应性强，抗旱、抗寒、抗风能力也较强。

　　粉蕉类型：果实稍弯，果柄短，果身近圆形，成熟时棱角不明显，果皮薄，成熟后淡黄色；果肉柔滑，味清甜微香。

　　龙牙蕉类型：果实近圆形，肥满，直或微弯，果皮特薄，成熟后鲜黄色；果肉柔软甜滑，有特殊的香味，品质佳。过山香、象牙蕉等属此类型。

　　贡蕉：别名皇帝蕉、金芭蕉、芝麻蕉，1963年从越南引进。果指长9～15厘米，果形较浑圆，高温

大蕉

贡蕉

过山香

粉蕉

催熟后果皮也能变为金黄色，果皮很薄，果肉细滑，香甜有蜜味，风味极佳。

香蕉品质优良，肉质柔软，清甜可口且有香味，营养丰富，性寒，味甘，果实、花、果、根等具有较高的药用价值，具有止渴、润肠胃、利便、增加食欲、帮助消化、增强抗病能力等作用。香蕉除鲜食之外，还可加工成香蕉片、香蕉糖、香蕉饮料、香蕉酱，以及美味可口的酥皮饼、汤圆等香蕉食品。

目前，香蕉主要采用组织培养繁殖，用容器袋育苗。但有些地区还沿用吸芽繁殖。主要栽培品种有巴西香蕉、广东2号香蕉、皇帝蕉、广粉1号粉蕉、广粉2号粉蕉、红香蕉、中山龙牙蕉等。

粉蕉植株

5. 菠萝

菠萝［*Ananas comosus*（Linn.）Merr.］又名凤梨，是多年生常绿草本植物，原产巴西，16世纪中期传入我国南部地区，现我国菠萝生产主要集中在广东、海南、广西、云南、台湾、福建等省区，广东和海南是我国菠萝生产的最主要地区，广东徐闻种植规模大且多为连片，堪称"菠萝的海"。

菠萝是五大热带名果（香蕉、菠萝、椰子、杧果、番荔枝）之一，

广东徐闻"菠萝的海"

也是著名的岭南水果，主要以鲜果食用或加工罐头，营养丰富，风味独特，香甜可口。新鲜采摘的菠萝宜在室内后熟3～5天、待有香味时食用。食用前先削净果皮，起果眼，切片，并用食盐水浸蘸，使其蛋白酶钝化，忌空腹暴食。加工制成的糖水菠萝罐头，能保持原有果肉的色、香、味，被誉为"水果罐头之王"。

菠萝一年有3次结果期，品质以6—8月成熟的为最佳。主要栽培品种有无刺卡因（湛江、海南称千里花）、神湾（又称金山种）、巴厘（广西称菲律宾）、粤脆、粤引澳卡等。

6. 番木瓜

番木瓜（*Carica papaya* Linn.）又称万寿果、乳果或乳瓜，俗称木瓜（与传统中药中的木瓜不同），是多年生常绿草本果树，原产南美洲，多认为17世纪传入我国，广泛分布于热带亚热带地

优质果用型番木瓜——红日3号

区。我国主产区为广东、广西、福建、云南、海南、台湾等省区，是当年种植当年采收的速生果树，素有"岭南果王"之誉。

早结矮化丰产红佳番木瓜

番木瓜在热带地区可常年结果，周年收获。单果重200～6 000克，形状多为长圆形、圆形、梨形及牛角形；果肉颜色分红色、黄色。

番木瓜果实含有丰富的类胡萝卜素、维生素C和一些维生素B，还含有丰富的糖、钙及番木瓜蛋白酶，特别含有具抗癌作用的硒。岭南人喜用于鲜食，也用于煲汤或炖翅熟食。番木瓜炖冰糖可润肺止咳，章鱼或淡水鱼番木瓜汤不但可润肺止咳，而且可促使产妇增加乳汁的分泌，酒楼用小果型番木瓜炖鱼翅或雪蛤作为高级美食；番木瓜亦可加工成果脯、果酱、果汁。此外，番木瓜全身都可产生番木瓜蛋白酶，尤以果实含量最丰富。番木瓜蛋白酶广泛用于美容护肤、医药和工业。人们喜欢肉厚的长圆形两性株果实作为鲜食，而采酶生产则多利用果多丰产的雌性株。

红日1号番木瓜

未熟果液，治胃消化不良，并为营养品，又为发奶剂。熟果，可利大小便，也可治红白痢疾。

——《现代实用中药》

美中红番木瓜

　　番木瓜现仍以种子繁殖为主，近年，番木瓜组织培养育苗技术已取得重大突破，开始规模化生产育苗。

　　番木瓜环斑花叶病是制约番木瓜产业发展的因素，岭南的番木瓜产区普遍受花叶病影响，种植第一年即会严重发病，导致产量下降，品质变劣，寿命缩短。为解决这一难题，20世纪80年代采用了秋播春植法，当年种当年收，收获3个月之后清园，次年重新换地种植。近年来，采用网室栽培番木瓜能有效地防止花叶病而实现多年收获。此外，有关研究机构还采用现代生物育种技术，开展小果型优质品种选育、抗花叶病新品种选育等研究，并取得骄人的进展，有效地推动了岭南番木瓜产业的发展。

目前，岭南番木瓜种质资源极其丰富，在广州，已收集保存了番木瓜种质200多份，主要栽培品种有中果型的穗中红48、红铃、红铃2号、红妃，小果型的美中红、红日1号、红日3号、红日5号、日升等。

传统中药——木瓜

番木瓜原产美洲热带地区，后经西印度群岛传入亚洲。一般认为是明代传入我国，但在宋代成书的《唐语林》中「崔涓送木瓜」一节，可推断唐代岭南已有番木瓜了。

木瓜与番木瓜老是把人搞糊涂，皆因原产中国的蔷薇科木瓜在《诗经》里已有，中医作为入药用；而岭南产的番木瓜属番木瓜科，按其结果状也称作蓬生果、树瓜、木瓜，又因其未成熟的果实易出乳汁而又称乳瓜，广州人又为「意头」而称其为万寿果。

——耕馀

无核黄皮

7. 黄皮

黄皮［*Clausena lansium*（Lour.）Skeels］别名黄弹子、黄枇，常绿小乔木，原产我国华南地区，云南、贵州、广东、海南均有野生种，在我国至少有1 500年的栽培历史。

黄皮果实为小浆果，圆形、卵形、卵圆形或长心脏形，果实淡黄色或黄褐色，有油腺。单果种子0～5粒。果熟期5—8月。

黄皮果实具有诱人的形、色和香味，形似小金弹，成熟时整个果园如万绿丛中洒金点点。果肉味丰，甜中带酸，并有怡人的芳香，含有丰富的糖类、维生素C、有机酸等。多作鲜食，是岭南人喜爱的夏令果品，也可加工成上等果冻、果酱、蜜饯，还可糖渍或盐渍。黄皮按果实风味可分为甜种和甜酸种两大类型，甜种成熟时果皮呈黄白色，入口甘甜，但食后有味淡之感；甜酸种成熟时果皮呈黄褐色，味甜酸，食后有余味。黄皮果味甘酸，正气，具有消食、化痰、理气作用，民间有"饥食荔枝，饱食黄皮"之说。

黄皮早结、稳产，适种范围广，成年树比荔枝、龙眼耐寒，在0℃的低温下未见受冻害。黄皮四季常青，芳香正气，病虫害少，尤其适合房前屋后庭院种植。目前，岭南主要栽培品种是甜酸种类型的金鸡心黄皮和无核黄皮。

黄皮
消食，顺气，除暑热。
——《广志》

金鸡心黄皮

8. 阳桃

阳桃（*Averrhoa carambola* Linn.）
又称杨桃、洋桃、五敛子，热带常绿
乔木，原产亚洲东南部，岭南主要在
北回归线以南地区栽培。阳桃树寿命
较长，一年可多次结果。

粤好5号大果甜阳桃

　　阳桃果实为肉质浆果，一般为五
棱，横切面呈五角星状，间或有六棱，果实长5～18厘米，果皮薄而光
滑，有蜡质，未熟时果皮青绿色，成熟时果实变软，呈淡黄色或黄色，
味甜略带酸，多汁。种子扁平，镶嵌在果实中间。

阳桃

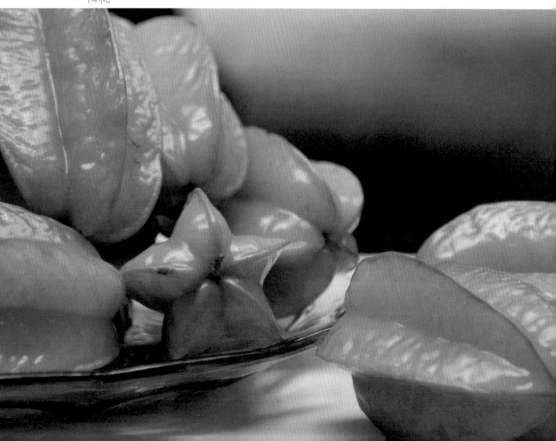

　　阳桃果实富含糖类、有机酸、蛋白质、脂肪、纤维素、类胡萝卜素、维生素C、钙、铁、磷等营养物质。果实用途很广，可鲜食，也可加工成罐头、果脯、果酱、蜜饯等。此外，阳桃还具有祛风热、生津止渴、解酒毒、止血、拔毒生肌等作用。

　　在岭南，阳桃几乎全年都有果成熟，广东的西部和海南的三亚等地是阳桃主产区。传统栽培品种为原产广州的花地甜阳桃，现主要栽培种为大果甜阳桃，品种有粤好5号、粤好11号、蜜丝等。

阳桃能解肉食之毒……又能解蛊毒岚瘴。

——《岭南杂记》

粤好11号大果甜阳桃

9. 番石榴

番石榴（*Psidium guajava* Linn.）别名鸡屎果，热带常绿小乔木或灌木，原产美洲热带地区，引入我国已有800多年历史，现在我国热带亚热带地区均有栽培，广州新滘曾是传统优良品种胭脂红番石榴的主产区。近年广东、海南、广西等省区引种台湾大果型番石榴品种新世纪、珍珠等，并通过产期调节，一年四季均有鲜果供应市场。

番石榴为浆果，果实为卵形或洋梨形。单果重75～500克。果熟时多为淡黄色或粉红色，果肉多为白色、粉红色。种子多或无。

番石榴维生素C含量高，经测定，珍珠番石榴与一般猕猴桃所含维生素C相当，均在每100克果肉含170毫克左右。番石榴除鲜食外，还可制成果汁、果酱、果冻、果粉等。果实具有降血糖、辅助治疗糖尿病的功效，叶片可治腹泻。传统优质的胭脂红番石榴香气浓郁，甜滑可口。台湾大果型番石榴果实爽脆，食用时加话梅粉或椒盐粉等佐料，风味更佳。

珍珠番石榴已成为主栽品种，主产区为海南及广东澄海、广州、中山、开平等地。

珍珠番石榴

胭脂红番石榴

10. 橄榄

橄榄原产我国，为常绿大乔木，是南方特有的热带亚热带果树，现作为经济栽培的有橄榄和乌榄两种。橄榄［*Canarium album*（Lour.）Rauesch.］别名青榄、白榄、黄榄；乌榄（*Canarium pimela* Leenh.）别名黑榄。主要分布于广东、福建，广东主产区为潮汕地区及丰顺、高州、博罗、增城等地。

橄榄果实椭圆形至卵形，大小与品种有关，单果重4～20克，成熟时绿色至黄绿色，核硬，两端尖，核面有棱。乌榄果实较橄榄大，卵圆形至长卵圆形，果熟时紫黑色，核两端钝，大而平滑。

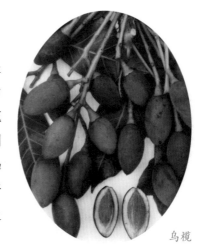

乌榄

乌榄
火煅存性，止血化痰。少盐浸之，名榄豉，乳痈初起，煎水洗之可消。
——《岭南采药录》

榄角

橄榄

其子生食盛佳，蜜渍盐藏皆可致远

——《本草纲目》

　　橄榄果实营养丰富，有清咽利喉之功效；除鲜食外，主要供制作甘草榄、和顺榄、化皮榄、蜜饯榄等凉果，也可作盐渍榄（佐膳风味食品）。乌榄则供加工盐水榄、榄角，榄仁可食用。

　　橄榄因用途和品种不同，采收期为8—12月。乌榄的采收期因品种、气候而异，早熟种8月可采收，迟熟种10月中旬才可采收。目前，橄榄主要栽培品种有三棱榄、冬节圆等，乌榄主要栽培品种有油榄、秋乌、禾姑等。

青榄结果状

11. 椰子

椰子（*Cocos nucifera* Linn.）古称越王头、胥余，原产于亚洲东南部、中美洲，目前全球有80多个热带国家种植，菲律宾、印度、马来西亚及斯里兰卡是椰子的主产国。我国南方的很多省份也有栽培，其中以海南的椰子最为著名，椰子已成为海南的象征，海南岛更被誉为"椰岛"。台湾南部，广东雷州半岛，云南西双版纳、德宏、保山、河口等地也有少量分布。

椰子为热带地区代表树种，也是热带地区风景植物之一。植株高大，乔木状，干挺直，坚果卵球状或近球形，果腔含有胚乳（即果肉或种仁）、胚和汁液（椰子水）。椰子果肉内部中空，能随海水漂流远方，借以传播种子，属海漂植物。

椰子

椰子未熟果汁液多用作饮料，成熟果的果仁肉可制椰子油，坚硬的内果皮（椰壳）可制作手工器皿或雕刻为工艺品，或燃烧成活性炭，中果皮纤维多为毛刷、地毡、绳索的原料。椰子树是优良的园林树木，可作为行道树、风景树木，以及反映热带风光的庭院树木等，是园林布置里营造热带滨海景观不可缺少的植物种类。

椰子
主消渴，吐血，水肿，去风热。

——《海药本草》

海南岛椰子树

（三）脍炙人口

"罗浮山下四时春，卢橘杨梅次第新"，道出了岭南水果之丰富。"轻红酽白，雅称佳人纤手擘。骨细肌香，恰是当年十八娘。"使人们对荔枝产生万千联想，都希望亲眼赏一赏，亲口尝一尝。北京人民大会堂广东厅以岭南佳果为素材的潮州木雕，形神兼备，引人入胜，看过了木雕，谁都想品尝岭南佳果。广东三件宝之一陈皮又是全球唐人街的华人所熟识和喜爱之物。时任美国总统克林顿，到桂林阳朔县兴坪镇渔村，品尝了当地的水果后，大赞渔村生态环境好，水果味美，从而使小

漓江渔翁

茶枝柑开皮

晒陈皮

十年陈皮

人民大会堂岭南木雕

小渔村及所产水果蜚声中外。无论从电影、电视，还是从画册看到海南岛的海岛椰韵，人们都会想到"天涯海角"，感受大自然的恩赐。

岭南大地，在其特有的气候、地理环境和人文历史条件下，形成了它独特的农业自然生态景观。随着人类社会发展，水果从自然的产物，逐渐地成为大自然特有环境下典型的经济作物，伴随着岭南地区社会、经济、生活的发展而发展。小说《香飘四季》讲述了在特定条件下如何发展水果生产。《果魂》一书则是歌颂了地方基层领导，解放思想，一切从实际出发，发展水果生产，带领农民脱贫致富。电影《荔枝红了》更是提到中国共产党人在农村如何实践"三个代表"重要思想。

人们在享受大自然的恩赐，品尝四季次第的岭南佳果时，不但脱口吟诵出众多脍炙人口的诗句，而且对着色彩缤纷、大小不一、形状各异的岭南水果，总是提出诸如点拣（粤语，意为如何挑拣），点食（粤语，意为怎样吃），几时食（粤语，意为什么时候吃），食咗点好（粤语，意为吃了有什么好处）等问题。

1. 食不厌精

在面对色彩缤纷、大小不一、形状各异的岭南各色水果时，人们会提出怎样才能挑拣到最好的水果的疑问。故而有俗语"西瓜和蟹唔识莫买。"

首先，我们要知道，影响水果品质的因素是多方面的。就同一品种而言，主要是受产地的气候土壤条件、施肥和成熟度的影响。以砂糖橘为例，产于岭南的砂糖橘，可溶性固形物（为水果风味品质的主要指标）可达14%。而产于气温较低的江西、四川，其可溶性固形物一般

番石榴汁

牛油果奶昔

佳果荟萃
1. 红肉火龙果
2. 桑葚
3. 百色杧果
4. 梧州特产蜜枣
5. 优质果用型番木瓜——红日1号
6. 广西特产罗汉果

火龙果炒虾球

只有9%～10%。贡柑则以肇庆地区为最好,在高温的海南种植,果熟时,果皮着色就差,在低温的粤北、桂北种植,由于积温不足而使果实偏酸。杧果种植于降水量少、气温高的广西百色、海南等地,不仅容易结果,而且病虫害少,果皮外观好,果肉品质也好。故此,各地都要以选择最适合当地生态条件发展的水果才有好品质,进而有好价格。而在栽培上,施肥当然最好是有机肥,从成本相对较低和肥料来源方便等方面来看,要合理地用好有机肥,在确保水果品质的关键物候期施好有机肥,一方面考虑了成本,另一方面保证了品质。无论是种植还是施肥,主要说的是种植的环节,对消费者来说主要是成熟度如何分辨了。如何挑拣,才是最好的?

依成熟方式的不同可将水果分为两大类。其中一类是需要后熟的水果，如番木瓜、香蕉、番荔枝、人心果、波罗蜜、杧果等，即水果在树上已达到应有大小和生长时间后，采摘下来，经常温三几天后熟，待淀粉转化成可溶性糖、果胶分解后，变色、变软后才是最佳食用期。另一类是不需后熟的水果，如荔枝、龙眼、柑橘、阳桃、枇杷、杨梅、黄皮、西瓜、桑葚等，需在树上充分成熟才好吃，故有俗语"黄皮树上鹦

红肉蜜柚

百香果

黑金刚莲雾

哥，不熟不食"之说。当然也不能过熟，如西瓜不够熟时，则淡而无味，果肉浅红色，俗称"鱼头鲴"，过熟则倒瓤，退糖。荔枝中的怀枝，熟透、红透就好食，故而有广州从化双壳怀枝这一名优品牌，亦有民间所说"大熟荔枝不上火"。而荔枝中妃子笑就不应该全红才食用，果实全红已是过熟，起渣了。所以对于不需要后熟又不容易运输的水果，若喜欢食，最好是到产地品尝了，如杨梅、桑葚、草莓、枇杷等。

五谷不时，果实未熟，不鬻于市……

——《礼记》

厚皮甜瓜

佛家说：色即是空，空即是色，受想行识亦复如是。凡人就很难做到，容易做到的还是唯物。元月的流溪香雪，过几月就看到此景。青梅在视网膜成像，反映到大脑神经，再刺激唾液腺，口水就出来了，这就是望梅止渴。但渴到极时，仍需喝水才解渴。

——耕馀

青梅

087

2. 不时不食

在《黄帝内经》中《素问·藏气法时论》就说："毒药攻邪，五谷为养，五果为助，五畜为益，五菜为充，气味合而服之，以补精益气。"而《素问·五常政大论》说得更清楚："大毒治病，十去其六；常毒治病，十去其七；小毒治病，十去其八；无毒治病，十去其九。谷肉果菜，食养尽之，无使过之，伤其正也。"就是说，正确食用水果等不但能帮助治病，而且能调养身体，保证健康。现代医学认为，水果主要是为人们提供矿质营养、有机酸、果胶、膳食纤维和多种维生素。由于水果大多是无需高温煮熟而生食的，能保存大量维生素，并且是天然复合型的，是人工合成难以代替的。

"饥食荔枝，饱食黄皮"是说，荔枝是可以充饥的，可为我们补充能量；黄皮是有助消化的，吃饱时可用黄皮助消化。如今，我们生活水平提高了，食物大多是高蛋白质、高脂肪类，故而大家都喜欢吃甜酸、芳香化气的黄皮，倒是普通的荔枝品种受欢迎程度就低了。

"岭南果王"——番木瓜

在西方整个中世纪时期，人们对梨、苹果、桃及其他多汁的水果抱着怀疑的态度，认为它们是滋生怪疾的果肉。随着饮食方式和饮食结构的改变，才慢慢提倡多吃水果。远古时候，人们采摘野果主要是为了果腹。而现在，除了品尝、享口福外，主要是把水果作为了均衡饮食的必需消费品。一般来说，在最适合生长的地区，当造的水果，并在最佳成熟时食用是最可口的，也是最有益人体健康的，这是对所谓"不时不食"的传统解读。但随着社会变迁，生产布局的变化，很多时候生产与消费不在同一地区；另外，我们每个时期饮食种类不同，每个人体质不同，我们对"不时不食"要多一个解释，就是我们需要时就要食。李时珍《本草纲目》中介绍有关梨的案例最为清楚："孙光宪

在中药的消食药中，不同的药物对食积的作用也是不同的。比如山楂擅长消肉积或油脂类的食物积滞；神曲擅长消酒积；麦芽、谷芽则擅长消米、面类的积滞；莱菔子擅长消面食；麝香、肉桂擅长消瓜果积等。

——《走近中医》

波罗蜜

青花梨

《北梦琐言》云有一朝士见奉御梁新诊之，曰风疾已深，请速归去。复见郎州马医赵鄂诊之，言与梁同。但请多吃消梨，咀龁不及，绞汁而饮。到家旬日，唯吃消梨，顿爽也。时珍曰《别录》著梨，只言其害，不著其功。陶隐居言梨不入药。盖古人论病多主风寒，用药皆是桂、附，故不知梨有治风热、润肺凉心、消痰降火、解毒之功也。今人痰病、火病，十居六七。梨之有益，盖不为少，但不宜过食尔。"

当摘时宿之井中，沃以寒泉，火气既去，金液斯纯，以正阳精蕊，而配以正阴津液，水火既济，斯为神仙之食。予诗云：露井寒泉百尺深，摘来经宿井中沉。日精化作月华冷，多食令人补太阴。火则寒之，水则热之，此食荔枝之法也。

——《广东新语》

紫娘喜荔枝

很多时候，报纸、杂志都介绍脾胃虚寒少吃什么水果，但大众难知什么是脾胃虚寒。酸、苦、甘、辛、咸的五味容易辨别，要人人都懂每种水果的寒、热、温、凉四气就难了。我们可否用最原始的办法——条件反射来决定吃还是不吃。我们想吃的时候，往往是我们需要的时候，但不要一次吃得太多，没有特别原因，也不要总是吃一种水果。

木实曰果，草实曰蓏。熟则可食，干则可脯。丰俭可以济时，疾苦可以备药。辅助粒食，以养民生……山林宜皂物，川泽宜膏物，丘陵宜核物，衍师掌野果蓏，向师掌果蓏珍异之物，以时藏之。观此，则果蓏之土产常异，性味良毒，岂可纵嗜欲而不知物理乎？

——《本草纲目》

番荔枝

解放钟枇杷

红肉火龙果

（四）人地结晶

进入文明社会后，果树作为一种经济作物，既是大自然的恩赐，更是人们理性的选择。岭南大地，以其特有的山川地貌、气候特点，形成了丰富多变的物种生长环境，又因其人文、经济活动历史，引进培育了多姿多彩，并为人们创造了大量财富的水果新品种；更在人们的不懈努力下，不断解决水果业发展中的一个又一个技术难题。一是选育适合当地发展的品种；二是在保持品种的优良性状基础上，加快繁殖，实现商品化生产；三是通过合理配置授粉品种和人工授粉，提高果实的坐果率，以增加产量；四是矮化和合理密植实现早结丰产，调节果树收获期以增加效益；五是通过区域合理布局和水果保鲜技术，延长市场供应和拓展市场，以增加果农收入；六是病虫害综合防治技术不断完善，有效

广州中山纪念堂

咏春拳一代宗师梁赞故居　　　　康有为故居　　　　梁启超故居

减少病虫害对果实的危害，确保水果业健康发展。一个个技术难题的不断克服，铸就了今时今日岭南佳果的品牌。

孙中山题字

黄埔军校旧址

番木瓜育种亲本材料

1. 物种起源

我们都知道，达尔文的《物种起源》一书有两个传世问题：一是地球上形形色色的生物是否由进化而来；二是进化的主要机制是什么。其结论是：第一，世界上的一切物种都在不断地发生变异；亲代的大部分特征都会遗传给子代，子代与亲代之间又存在明显的差异，即后代在继承先代的过程中会发生变化，代代相传，长期积累，引起生物类型的改变；并且，这种改变是逐渐演变的过程。第二，一切生

物都必须进行自然选择和生存斗争。生存斗争的结果——"物竞天择、适者生存"。

"种"作为植物分类学上一个基本单位，也是各级单位的起点。同种植物的个体，起源于共同的祖先，有极相似的形态特征。在大自然中都遵循"物竞天择、适者生存"的法则。品种则不是植物分类学中的一个分类单位，不存在于野生植物中，是人类在生产实践中，经过培育或发现的，一般多基于经济意义和形态上的差异。也就是果树进入人类文明社会后，作为一种经济作物，除了适应大自然选择法则外，更是人们理性的选择。就是种植发展某种果树能否为人们带来财富，带来财富就得到发展，不带来财富就少发展或不发展，甚至消失。

某地区发展哪些果树品种，除了考虑气候条件、土壤外，更主要是以人们理性选择为法则。最早是在自然生存的果树群中进行发掘筛选，将具有较好经济性状的进行繁殖，如糯米糍荔枝、桂味荔枝、石硖龙眼、储良龙眼、砂糖橘、贡柑、萝岗橙等。再就是从外地引入适合本地

海南海口雷虎岭实生果树群

区生长的种类和品种，如番石榴、番木瓜、莲雾、波罗蜜等。另外，就是通过人工杂交选育新品种，如穗中红、美中红、红日等一系列番木瓜新品种；培育以四倍体西瓜与二倍体西瓜杂交而成的三倍体无籽西瓜；杂交选育早熟于三月红的荔枝、风味更适合现代民众口味的"曦红"荔枝等；自然芽变选育如无籽砂糖橘、红肉蜜柚。还有就是辐射育种、航天育种和转基因生物技术育种等。

曾经红极一时的某些传统优良果树品种，由于人们对品种性状的要求日趋提高、口味的改变或交易方式的变更、生产要素成本构成的改变而淡出市场，或因为生产者无利可图而无人种植，取而代之的是更受市场欢迎的新品种，种植经营者更有利可图的新品种。还有一个有趣的现象是，经济越发达，社会文明程度越高，同一个种的果树，只要是有经济效益，其种内的品种就越多。

储良龙眼母树

柑橘品种——天草

红江橙

广东四会500多年树龄的人面子古树

2. 子孙后代

当发展的果树个体确定后，需要繁殖时，主要有两个办法：一是用该果树的种子进行播种繁殖，称为有性繁殖；另一个办法是用该果树的营养器官，即根、枝条、叶、芽等进行繁殖，称为无性繁殖。

培育株性稳定的番木瓜组培苗

番木瓜组培育苗

番木瓜组培幼苗

番木瓜苗

番木瓜结果状

黄皮苗圃

　　有性繁殖的下一代树苗，生长旺，根系发达，抗性强，繁殖系数较高，但要经过一个童期才能挂果，也就是播种、定植后需要较长时间才能挂果，大多数果树都需要3～5年，长的要7～10年；另外，很容易发生与原母树不同品质性状的变异。这样，以发展商品栽培为目的时，不希望子代性状出现多样性，而只希望保持母树的优良性状。但以选育种为目的时，却希望有变异发生，以便从中选育更好的单株。基于此，以商品栽培为目的时，果树繁殖大多采用无性繁殖。

　　无性繁殖主要包括：圈枝（高空压条）、扦插、分株、嫁接、组织培养等。现在岭南果树繁殖主要采用圈枝、嫁接、组织培养等（过去香蕉与菠萝生产是以分株方式进行繁殖的，现在香蕉繁殖则是以组织培养

滋润

为主，菠萝大多仍是以各种芽进行扦插）。圈枝技术在北魏的《齐民要术》已有记载，岭南地区大约唐宋时已掌握该技术，明清时已普遍应用。而嫁接技术，在岭南地区大约明清时已用于某些树种，但普遍推广应用也是中华人民共和国成立后的事了，并且随着岭南果业的大发展，也是改革开放后，嫁接技术不断改良，柑橘小芽切接推广，满足了柑橘生产所需的苗木。包括海南岛荔枝、杧果等也逐步大面积应用嫁接技术，繁殖大量果苗，以满足发展之需。组织培养技术的应用，最成功的要算香蕉与番木瓜两个物种了。

香蕉繁殖，过去以分株为主，主要存在三个问题：一是繁殖系数低；二是易带病毒；三是香蕉苗大小不整齐，抽蕾结果更不整齐。自20世纪70年代末80年代初，组培技术大面积应用于香蕉繁殖，使香蕉产业发生了大飞跃。

长期以来，番木瓜育苗都是采用实生繁殖，番木瓜不管是春播秋植，还是秋播春植，植后半年内就可开花结果。所以，番木瓜实生育苗的最大问题不是结果迟，而是很稳定的品种在实生繁殖时，也分离出两性株和雌性株，也就是俗话说的公与乸（长果为公、圆果为乸）。商品性、一致性差，大大增加了生产成本而降低了生产效益。广州市果树科学研究所和中国科学院华南植物园共同发明了"一种生产株性稳定的番木瓜组培苗的方法"的国家专利技术，使番木瓜繁殖系数大幅度提高，繁殖出不带病毒、株性稳定的苗，从而打破了几百年来番木瓜实生繁殖的传统，使"岭南果王"——番木瓜产业再上一个新台阶。

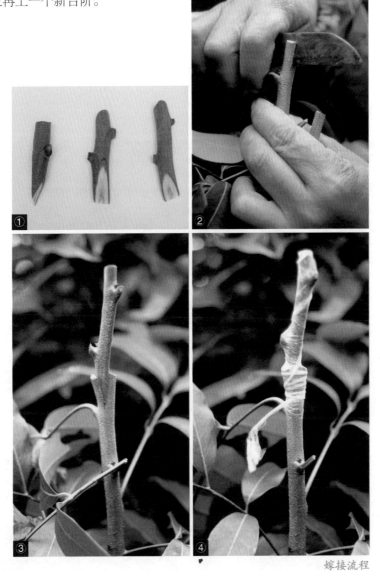

嫁接流程

3. 红娘颂

我们食用的果实大多是果树经过开花、传粉、受精后，由花的不同器官发育成形态不同的各种果实和种子。但也有部分果树，不需要传粉受精即可结实，即称为单性结实，如菠萝、香蕉、番木瓜等。番木瓜不论圆果型的雌性株还是长果型的两性株，如没有番木瓜花粉传到其柱头时，果实内腔就没有种子，如有花粉传到其柱头上，果实内腔就可能有种子。即番木瓜无论是否传粉受精，都能结实，只是果腔内是否有种子而已。

黄皮花

番石榴花　　　　　　　不知火杂柑花

　　除了单性结实的果树外，我们种植果树能否丰产稳产，关键之一是能否正常传粉受精。

　　成熟的花粉粒借外力的作用，从雄蕊花药传到雌蕊柱头上的过程，称为传粉。而传粉又分为自花传粉与异花传粉。严格来说，成熟的花粉粒传到同一朵花的雌蕊柱头上的过程，叫作自花传粉。但自花传粉的含义常被扩大，如在农作物中常把同株异花间的传粉也叫自花传粉。在果树栽培上，甚至将同一品种不同植株之间的传粉也叫自花传粉。在水果中，自花传粉也能结果并丰产的主要有大鸡心黄皮、甜橙、年橘、砂糖橘、人心果、枇杷及大多数阳桃品种等。其中有些果树如砂糖橘连片单一种植，往往是没有种子或种子较少的；如混种其他柑橘品种时，其果实就会有种子或种子较多。

　　但大多数的果树或品种，要异花传粉才能受精结实，果实才端正，植株才能获得丰产。果树所谓的异花传粉，是指不同品种间的相互授粉。其中，专门提供花粉的树，叫授粉树。一般情况下，同一种果树，合理间种不同的品种，就能自然传粉受精结果，确保丰产，如梨、李、梅、荔枝、粤好11号阳桃等。有些果树，雌雄同花，但雌雄蕊成熟时间不同，不同品种成熟顺序也不同，如油梨。所以，人们根据油梨雌雄蕊成熟的时间和顺序不同，将其分为A型花和B型花，在栽培中要考虑A型、B型两种花型的品种，适当搭配，才有利于传粉受精结果。即使是A型、B型交叉混合型的油梨，生产上也需搭配A型、B型两种花型的品

番木瓜雌性株

种。也有些果树是雌雄异株的，种植大量结果雌株的同时，也要间种部分雄株，如杨梅、银杏等。

有些果树，不但雌雄异株，而且雌雄也异熟，银杏是最典型的例子。而有些尽管雌雄器官在同一朵花上，但也是异熟的，如番荔枝。也有些果树是自花不亲和的，混种其他品种，自然坐果率也很低，这样就需要人工授粉了，如沙田柚。

银杏，一般是雄花早熟。要把早熟的花粉采收下来，冷藏，几天后，雌花大量开花成熟时，用糖水

应授粉的番荔枝花

银杏雌花

和花粉混合调匀，人工喷到雌花上，这样，就可大大提高银杏的坐果率。沙田柚的雌蕊通过人工授以砧板柚或蜜柚花粉，也能大大提高坐果率。又如番荔枝，当花瓣松开时，雌蕊已经成熟，此时可以授粉，但同一朵花的雄蕊要等到两天后花瓣完全开放时才成熟撒粉，此时，雌蕊已失去容受性。因此，在自然条件下，番荔枝坐果率不高或果型不端正，通过人工授粉，可提高其产量和质量。红肉火龙果要提高产量也需要人工授粉，由于火龙果是晚上开花的，所以，要在晚上进行人工授粉。

银杏雄花

晚上开放的火龙果花

4. 巧夺天工

大多数的木本果树都属乔木，有不少还是高大的乔木。在自然状态下，树体直立、高大，结果迟，不稳产，管理难，采摘果难，收获期不一定是市场上价钱最好的时候。在岭南果业发展的过程中，人们运用智慧，巧夺天工，不断完善多种果树的早结丰产、稳产和产期调节技术，以提高产量、质量和延长果实供应期，从而增加了水果生产效益。

要实现果树的矮化早结，砧木的选用是关键。在北方最成功的例子，要算是苹果、梨矮化砧木的选用了。过去未选育矮化砧木时，苹果、梨树高大，结果迟。而现在，苹果、梨树与人同高就硕果累累了。

寄接沙梨开花状

寄接沙梨结果状

沙梨

同样，岭南柑橘的砧木筛选也是非常成功的。不同地理气候条件，不同的品种，已是很成熟地选用红柠檬、酸橘、枳壳等砧木。而其中枳壳砧具有典型的矮化、早结和提高果实品质的作用，其他条件符合时，人们很多时候都选用其作柑橘砧木。有一现象是非常清楚的，某种果树产业发展越是成熟，砧木的选用也越是清楚。

高接换种

　　修剪、环割、环剥是果树矮化、早结、稳产的一个主要手段。生产上，当主干长到一定高度后，要定干。剪去主干上部，促其长出侧枝，运用拉枝的技术，使植株尽快形成开张的早结树冠。荔枝螺旋环剥技术的研究应用，更是促进荔枝早结、稳产的一个重要手段。荔枝控梢促花素的研究与开发也是造就当年荔枝大发展的一项关键技术。

　　果树的产期调节，是实现增收的一项关键技术。

　　香蕉要控制产期，主要是通过控制定植时间，或留芽时间。而荔枝、龙眼、柑橘等，如在同一地方，要延长采收期，主要是通过不同品种的合理搭配。

　　对于成花容易的番石榴、番荔枝、阳桃，主要是通过施肥、修剪或环剥来调节产期，以实现最大的经济收益。一般情况下，番石榴在6—9月是大采收期，而此时的果价都较低。如不留或少留这造果，改留9—12月果，果价一般比6—9月高1倍，如在积温高、无霜冻地区，留1—6月果，尤其是4—6月果，价钱会更高了。番荔枝正造果是在9—10月，适逢农历八月十五中秋节，为果价高的时候，但此时气温高，番荔枝果实后熟时，容易裂果，使之商品率降低。所以，常把其果实成熟期调至2—4月水果淡季，温度较低，不易裂果，果价高时采收。这些采收期调节，关键在施肥、修剪上下功夫。

葡萄果穗

想果大，要疏果

番荔枝结果状

徐闻香蕉园

徐闻香蕉园

岭南佳果——阳桃

三、岭南特色蔬菜

蔬菜乃人们生活不可缺少的食物，每日菜市场都熙熙攘攘，无他，皆为各自的利益而来。蔬菜已是我国农产品交易的第一大产业，也是我国农产品进出口贸易减少逆差的主要产品。

（一）熙熙攘攘

市场者——人们积聚在一起有买有卖的地方。它甚至比农业出现得还早，并且远比国家还要古老。菜市场就是人们为每日盘中餐的食物——蔬菜这一主角而交易的地方。有人为得到好的食物放弃钱财，有人为得到钱财而卖出（放弃）蔬菜等食物。但凡交易活跃、利益大的产业就得以发展。

有好事者则问，耕园圃者不卖菜的，为何你仍逛菜市场？主要有三个原因：一是逛菜市场可知道现时大众的喜好，对培育良种有启发。二是在菜市场，尤其是小城镇的菜市场能找到培育良种的资源。当年育出的独核黄皮、独核枇杷，今天培育的大肉胜瓜、翡翠节瓜皆是此法。三是今天自己种的产品不一定是自己最喜欢吃或自己吃不完，又或者今天价钱特别好，只好卖出自己的，买别人种的并且自己今天又喜欢吃的。这不是最上算吗？

蔬菜交易

菜市场一角

113

多年的习惯，每到一地方都走走菜市场。境外的美国、丹麦、芬兰、澳大利亚等国的大城市的菜市场蔬菜颜色悦目、整齐，耐存放种类多，叶菜类较少；境内的大城市如北京、上海、杭州、成都、昆明、广州等地的菜市场种类繁多、整齐，叶菜类很多，尤其是在广州、成都、昆明等地。小城镇的菜市场，不论是境内的四川攀枝花、云南元谋、贵州息烽、广东连州，还是境外的马来西亚怡保等地，蔬菜则新鲜，种类以当地产的为主。

丹麦哥本哈根一菜市场

1. 统购包销，各方不满

中华人民共和国成立以来，各级政府都非常重视城市的食品供应包括蔬菜的供应。早在1953年12月29日，中共中央批转《中央农村工作部关于城市蔬菜生产和供应情况及意见》的报告中指出"大城市郊区的农业生产应以生产蔬菜为中心"，为保证城市蔬菜供应也做了多种尝试。

蔬菜产销主要经历了四个时期：1949—1957年自由购销时期、1958—1980年前后统购包销时期、1984—1991年放管结合时期、1992年以后蔬菜市场全面放开时期。除了现在实行蔬菜产销市场全面放开外，另外的蔬菜产销三个时期中"统购包销"的计划经济实行的最长，有20多年。以广州为例，在"统购包销"的体制下，广州历届市委、市政府对蔬菜产销靠的是政府下达行政命令和直接干预：一亩亩菜地下达种植计划；一个个品种核定销售价；一间间市场给予供销衔接……结果，菜农消极，市民抱怨，市长焦虑……当年广州有一打油诗描述菜市场的蔬菜品质："凉菜（西洋菜）长成白须公，通菜好似一条龙，芥蓝多渣芋头爽，白菜烂头又多虫。"

统购包销，计划种植

2. 四季丰盈，两招搞定

有经济学者研究指出：仅仅是产权界定和市场开放这两招，就使多年短缺挥之不去的中国农业变得时时出现"卖难"现象。针对蔬菜这种新鲜的农产品，1984年11月1日广州在全国率先结束20多年的"统购包销"政策，全面开放蔬菜市场；1985年为适应对外开放和城市经济发展的需求，在广州市蔬菜科学研究所基础上，增加编制，建立广州蔬菜研究中心，任务主要是围绕实现蔬菜品种多样化，解决蔬菜度淡难关，研究推广蔬菜安全生产等。

通过制度创新、科技创新两者的结合，市场立马品种丰富，质量提高，价格平稳，市民的菜篮子丰富了。1991年在《广州日报》上有一市民发表的诗道出其成就："广州好，瓜菜四时丰。日啖时蔬数十种，不辞长作岭南翁，揖手谢菜农。"

就全国而言，1992年全面开放市场。随后，在坚持明确土地产权和

丰富的菜篮子

广州一菜市场

市场开放基础上，政策上加大大中城市商品蔬菜生产基地建设，为市场提供稳定、优质的商品菜；加强市场体系建设，重点建设批发市场和城市蔬菜供应网点；建立菜田耕地建设费征收和使用制度等。

在科技上，主要是加大力度选育一大批抗病、高产、优质的新品种，研究推广保护地高产栽培技术，研究推广主要蔬菜病虫害综合防治技术，突破蔬菜贮藏保鲜技术，并结合我国地理气候多样性的特点，进行了蔬菜生产基地布局，从而实现了南菜北调，在不同季节也实现了西菜东运、北菜南运等，使我们大中城市的菜市场"鲜蔬四时丰"。

节瓜

117

（二）五菜为充

东汉许慎的《说文解字》里说："菜，草之可食者"，又进一步解释为，"菜"者，采摘来的可食之草，而"蔬"才是人工培植的蔬菜。而《尔雅·释天》里说："凡草菜之可食者，通名为蔬。"其实，正如所有的农作物都经历从野生植物到栽培作物的演化过程一样，蔬菜也是从草之可食者，逐步演变驯化为栽培蔬菜。后来除了草本的蔬菜外，有些木本的幼嫩茎如香椿、多年生的笋用竹和食用菌等也被列入蔬菜。

早在2 000多年前的《黄帝内经·素问》一书就指出："五谷为养，五果为助，五畜为益，五菜为充，气味合而服之，以补精益气。"《本草纲目》就说得更透彻了："五谷为养，五菜为充，所以辅佑谷气，疏通壅滞也……谨和五味，脏腑以通，气血以流，骨正筋柔，腠理

豆角

以密，可以长久，是以内则有训，食医有方，菜之于补非小也。"而现代营养学认为，蔬菜能提供我们人体必需的多种维生素、矿物质、膳食纤维、微量元素、酶及具有保健医疗功能的其他成分。各种蔬菜所含的不同成分，以及颜色、风味、口感能刺激人们的食欲，促进消化，维持人体内酸碱平衡。此外，莲藕、薯、芋、豆类蔬菜含有较多的碳水化合物和蛋白质等，也是人体所需能量的重要来源。

孔子说"食不厌精"，就是告诉我们不能只是满足于精细的食物。如果把食物分为"精""粗"两类，则肉类为"精"食，五谷、蔬果就是"粗"食。但"食不厌精"在说不能满足于精细的食物这一字面意的同时，也告诉我们在同类的食物中要懂得找到最优质的。所以，在今天菜市场林林总总的蔬菜中，如何能找到最优质的、最安全的、最适合自己的，是经常的疑问。

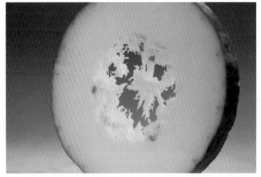

冬瓜

多种蔬菜

冬寒菜

1. 《齐民要术》第一菜

北魏贾思勰撰写的《齐民要术》，介绍如何栽培蔬菜时所列的第一种蔬菜是"冬寒菜"，相信现在大多数人是不认识了。

"齐民要术"四个字不管是说齐人的生存关键技术，还是说民众生存、谋生的重要技术知识，总之《齐民要术》一书是我国现存最完整的古代农学著作，在农业社会中是指导农业生产的实用资料，并能很好地反映当时社会人们的生活情况、农业生产水平、社会经济状态。

草之野生可食者为野生蔬菜，经驯化培育者为栽培蔬菜。中国蔬菜栽培的历史可以追溯到6 000年前的仰韶文化时期。古时候由于栽培技术、运输条件都比较原始，选育种更是以初级选种为主。在《齐民要术》中，介绍了黄河中下游地区栽培的蔬菜，其中第一种就是冬寒菜。当时称为"葵"。这种菜主要是吃其幼茎和嫩叶。但李时珍在《本草纲目》中将"葵"编入草部并且特别注明是"自菜部移入此"，理由是"古者葵为五菜之主，今不复食之，故移入此"。其实，现在南方农村房前屋后还是有少量栽培的，而城市的一些主吃蔬菜的餐厅也有得品尝。

　　到了明清时期，白菜的地位上升，与其类型大量增加有关，当时的白菜类型主要有瓢儿菜、矮青、箭杆白、乌菘菜、塌棵菜、长梗白、香青菜、矮脚白、薹菜等。尤其是15—16世纪太湖地区结球白菜的培育成功，更是这一时期蔬菜栽培的重大成就。由于白菜类型多，四季可种，加上结球白菜品质好，产量高，耐贮运，因而很受生产者、消费者、运输销售者各方欢迎，是现在人们生活中的主要蔬菜。

　　现在菜市场销售的蔬菜，如按农业生物学分类，主要有白菜类、甘蓝类、根菜类、芥菜类、茄果类、豆类、瓜类、叶菜类、芽苗类、葱蒜类、薯芋类、水生类、多年生及杂类、食用菌类、香草类，以及一些野生蔬菜等。在食用各种蔬菜的时候，我们是否可从四个境界享受呢？一是能量的补充；二是口福之乐；三是营养元素供给，健康之必需；四是联想意境精神之得。

大白菜

马屎苋

一点红

马齿苋

2. 百粤时蔬数菜心

原产中国的菜心，在蔬菜教科书上大都正其名为"菜薹"，古时候
称其为"薹心菜"。自从清道光二十一年（1841年）广东《新会县志》
称菜心始，岭南即今天的广东、广西、海南、香港、澳门等百越地区，
就一直把"薹心菜"或"菜薹"称为菜心。

菜心是十字花科芸薹属芸薹种白菜亚种的一个变种，是归入白菜类
的蔬菜。菜心的品种非常多，以从播种到采收的时间长短分为早熟类型
（25～35天）、中熟类型（36～45天）、晚熟类型（46～65天）；以叶

新鲜菜心

片的形状分为圆叶型、尖叶型、柳叶型；以叶片的颜色又分为黄绿类型、油青类型、特青类型等。根据不同的季节、气候条件、消费对象，播种不同的品种。因为其一年四季都可种植采收，市场供应不断，脆嫩甘甜，既可滚汤，亦可小炒，还可煲粥，烹调方法可以多样，更主要是岭南百粤之地民众认定菜心不温、不凉、不寒、不热、不湿、不燥，视其为正气之蔬品。

其实，菜心大多数品种要求的栽培环境还是冷凉一点的气候的，在夏天，广东本地产的菜心，以叶片黄绿色的"四九菜心"为主。1982年由广州市蔬菜科学研究所在"四九菜心"品种中选育了"四九−19菜心"，现在每年夏天在岭南两广地区（广东、广西）播种面积估计超过30万亩次。但是，夏天在两广地区种植菜心，由于高温多雨，管理难度大，而菜心的市场又非常大，所以广东人从20世纪90年代中期就开始在我国宁夏试种菜心。到目前止，每年宁夏中卫、青铜峡等地种植的供岭南为主的菜心就超过10万亩，算上复种，超过35万多亩次，每天运回岭南的菜

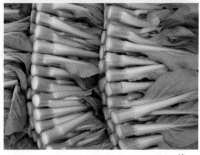

菜心

心超过10万箱（15千克/箱），从而打响了宁夏菜心的品牌，就连在河南、湖北、贵州等地种的菜心，甚至广东冬季菜场产的菜心，在菜市场也为了沾宁夏优质菜心之光，而称为"宁夏菜心"。

对于消费者来说，一个很奇怪的现象是，大菜场都是种圆叶型的菜心，而本地自耕菜农大都是种尖叶型菜心或柳叶型菜心。改革开放前后，广州白云区萧岗村的"青骨柳叶菜心"是地方有名的品牌，以致消费者把"起骨"作为菜心淋甜的标志。菜心主要食主心，市场上排列整齐的一般是主心，菜心的主心较粗、淋甜。而菜心除了生长主心外，也生长侧权（侧薹），有些品种的侧权比较多，所以生产上也采收。在市

收获菜心

场上菜心侧杈较细，没有排列，吃起来纤维较少，嫩滑甘甜。

至于近几年广东增城、连州的迟菜心与上述传统的菜心相比又是另外的类型了。这些迟菜心从播种到采收的时间一般要90～110天，要求栽培在比较低温的季节或者冷凉地区。

今天的菜心不单是岭南人称其名了。2014年亚太经济合作组织第二十二次领导人非正式会议在北京召开，11月10日举行盛大的晚宴，宴会先上一道道冷盘，随后就是"四菜一汤"，分别是：翡翠龙虾、柠汁雪花牛、栗子菜心、北京烤鸭、上汤响螺。过去，中原地区是没有"菜心"的叫法的，都称为"菜薹"，现在中华大地种菜心和食菜心多了，国宴上也叫菜心。可见，中华民族的文化是互相融合、互相渗透的。

迟菜心

3. 经霜青菜特别甜

冬日的广州，阳光灿烂，没有一丝风，晚上温度骤降，青菜表面很容易结霜，尤其是在广州北部的山区。

叶菜类的蔬菜，同类型同一品种，在土壤、肥水相同的情况下，天气条件对青菜品质影响非常大。青菜在天气骤然降温下，自身为适应环境变化，防止冻害，体内的淀粉在淀粉酶作用下分解为麦芽糖，再在麦芽糖酶作用下分解为葡萄糖，增加细胞液中可溶性糖分，细胞体液浓度的增加，从而在一定程度上增强了青菜防冻害能力。又加上霜冻天气大多是白天阳光普照，无降水，天气干燥，青菜体液浓度高，所以经霜的青菜特别甜。但是，如果霜特别重，第二天白天升温很快，就很容易造成青菜霜冻危害，严重时就变成生产上的灾害了。当然，不同的蔬菜忍受低温霜冻的能力是不同的，其中大白菜比较耐得住低温霜冻，包心的大白菜更是耐得霜冻，甚至是外层叶片霜冻坏了，内层的还是完好的，这样的大白菜就很甜。有些叶菜经霜后，假如霜又不是很重，第二天温度又能缓慢上升，这样即使有些老叶霜冻坏了，其他叶片还是完好的，这样的蔬菜也就很甜了。最典型的例子是广州从化吕田大芥菜、增城迟菜心和广东连州菜心往往是经过霜打，所以特别淋甜。

从经霜的青菜特别甜给人们的启发，夏天的时候，在阳光足、降水少、空气湿度低、昼夜温差大又有灌溉的地区，生产种植的叶菜光合作用积累多，消耗少，品质特别的好。所以，夏天各大城市的叶菜大多是在符合这些条件的云南、四川、宁夏等地生产的。

芥菜

127

4. 大顶瓜·油瓜·珍珠瓜

苦瓜主要分为三类：大顶瓜、油瓜、珍珠瓜。又以大顶苦瓜肉厚、脆嫩、瓜味浓而最受欢迎。但在广州夏天高温高湿条件下，大顶苦瓜栽培难度大，瓜藤容易感病，故每年6月中下旬开始广州市场上就减少了供应。大顶苦瓜在广东又叫"雷公凿"，以江门杜阮所产享有盛名，但目前杜阮附近的村镇如平岭等地种得较多，品质也很好。每年到大顶苦瓜收获旺季，该地都有专门食大顶苦瓜的宴席可供品尝。在众多的大顶苦瓜菜式中，我尤其对用大顶苦瓜滚白贝和大顶苦瓜滚鲜鲍鱼印象最深。

现向大家介绍夏日酷暑里的一例靓汤：大顶苦瓜滚鲜鲍鱼。材料主要有大顶苦瓜（苦瓜尽量切薄）、新鲜鲍鱼、火腿、瑶柱。先将火腿、江瑶柱、生姜片煲半小时，最后加入苦瓜和鲍鱼片，滚熟即可。汤甘鲜，清热养阴。不少人酷暑上火时就一味清热去火，却不知道上火很多时候是阴不足而显得阳有余。因此，用好大顶苦瓜清热，鲜鲍养阴，汤味好，又合时令养生，是可以一试的。

苦瓜中的油瓜以其耐高温、耐湿、抗病性强、比较容易种植而大受生产者欢迎。所以，市场上油瓜还是占主导地位。有的油瓜瓜身很大，瓜腔大，肉也厚。广东潮汕一带很多时候把油瓜切成块和黄豆一起煲排骨汤。老广也用苦瓜酿猪肉或鱼肉，选这些瓜时就要考虑瓜腔细小的为好了。

珍珠瓜过去在云南、贵州、四川和台湾较多，近年大家也觉得珍珠瓜瓜味比较浓，肉较油瓜脆，市场上也逐渐多起来了。

当然，现在还有不少三种瓜的中间类型，都是育种者希望通过杂交能找到综合各方优点的新品种，我们期待吧。

大顶瓜

油瓜

珍珠瓜

5. 丝瓜·胜瓜·水瓜

胜瓜和水瓜，在园艺学上都叫丝瓜。水瓜又称无棱丝瓜，胜瓜又称有棱丝瓜，分大肉胜瓜和长绿胜瓜。大肉胜瓜外皮浅白绿色并有或多或少的白色斑点，从外观看以为较老，但如手感重实则是肉嫩的。很多人都知晓两广称胜瓜而不叫丝瓜是为了好意头。这主要是佛山南海一带，过去很多是养蚕纺丝的，该地方人们把丝的发音读成"输"，而这一带又有习武的传统，黄飞鸿便是此地人士，开讲有话，"文无第一，武无第二"，打架怎可以是输的，还要输到"瓜"（粤语"瓜"，即是"死"），所以丝瓜就叫胜瓜了，即是赢到顶呱呱之意。

丝瓜

在广东，市场上以售卖胜瓜为主，水瓜比较少，近几年可能南北交往多了，水瓜在广州市场上也有一定量。传统广州人认为水瓜比胜瓜寒凉，故此，就少吃了。而在外省市场上，尤其岭南以外的市场，以水瓜为主，一方面可能是饮食消费习惯使然，另一方面是水瓜较容易栽培，产量高。

最为有趣的是，不同地区的人士对丝瓜的食性有截然不同的看法。如《滇南本草》中就这样记载："丝瓜不宜多食，损命门相火，令人倒阳不举。"但北方人认为事实并非如此，在《学圃杂疏》有说："丝瓜，北种为佳，性寒，无毒，有云多食之能萎阳，北人时啖之，殊不尔。"

水瓜结果状

大肉胜瓜

水瓜

丝瓜结果状

6. 茄子·落苏·大炮·矮瓜

清代诗人叶申芗的《踏莎行·茄》："昆仑称奇，落苏名俏，五茄久著珍蔬号。自从题做紫膨哼，食单品减知多少……"讲的是同一种蔬菜不同地方很多时候有不同的名称，并影响其在市场流通；同时，或多或少反映当地人的生活习惯及行事方式。

以茄子为例，一次在上海徐家汇吃本帮菜，菜单上有一菜式"剁椒捏落苏"，细问下，才晓得落苏即茄子；而在北京的簋街则有一菜品为"红烧大炮"，"大炮"者为圆茄子。黄河流域一带有称茄子为"昆仑"的，意指其从西域来。两广土著对蔬果起名很多时候是以直观方式的，所以称茄子为"矮瓜"。广州家常菜有"鱼香矮瓜"，是以马鲛鱼

茄子

做咸鱼煮矮瓜。

　　茄子性凉味甘，有清热、活血、宽肠、通便之功效。改革开放前，人们摄取的脂肪和蛋白质少，所以民间老人认为吃茄子容易眼蒙；现在

圆茄子

紫茄子

嫩茄子

人们往往因蛋白质、脂肪过剩而易患上高脂血症、高血压等，故有"神医"夸大茄子的功效，开出的"药方"是天天生吃茄子。其实，肉吃多了，适当增加茄子做菜是有好处的。应该注意的是，过老的茄子不但口感差，更主要是老茄子含有较多的对人体有害的茄子碱。而嫩茄子不但入口嫩滑香甜，而且茄子皮富含维生素P、维生素C等多种对人体有用的物质。嫩茄子连皮吃不只是口感好、香味足，更主要的是尽取有益之物。

茄子类型很多，正是"粗细长短曲直皆有，紫红黑白花绿齐全"。《红楼梦》中的"茄鲞"已成为茄子的巅峰菜式。在现实生活中不同地

留待想象的茄子

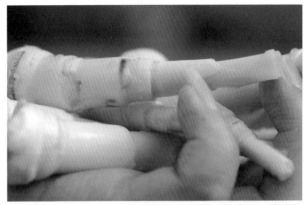

手如柔荑——芦苇笋

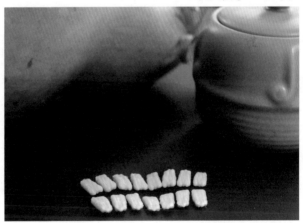

齿如瓠犀——葫芦瓜种子

方的人对吃茄子的要求也不同。以直觉取胜的人们除要求色、气、味好外，还要口感嫩滑，以及吃后身体的感觉；豪气的则还要求菜式名称响亮；浪漫派在吃茄子的时候就联想到《诗经·卫风·硕人》描述，"手如柔荑……齿如瓠犀"说的是卫庄公迎娶齐国公主庄姜时，看到夫人的手就想像到刚出土的芦芽，雪白的牙齿如刚破开的葫芦种子。那么，茄子是什么……如此一来就修成入世正果：色、声、香、味、触、法齐矣！

7. 五味中无辣

　　当我们品尝食物时，存在于我们舌头表面、软腭、咽喉和会厌的上皮组织中的味觉感受细胞（每个味蕾有上百个味觉感受细胞），会受食物中化学物质刺激而产生甜、咸、苦、酸、鲜的某种味，或两种、多种味的组合。这五种基本味觉中的鲜是近期才予以承认的。鼻子中的嗅上皮细胞所得到的嗅觉加上我们舌头等味蕾尝到的味觉归纳组合成味道。要描述食物丰富的味道感受，除五种基本味觉，以及五种基本味之间相互产生的作用外，还有辛辣、涩、金属味等。古老的中医五行理论所提

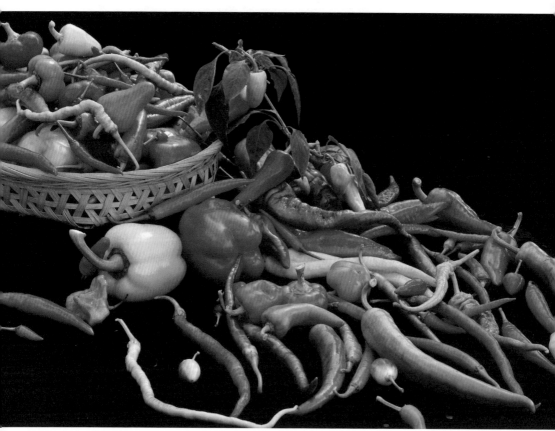

新鲜辣椒

及的五味：酸、苦、甘、辛、咸中的辛，则在我们的食物中指的是辣。而我们习惯上说的辣味，不只是使味蕾有感觉，它还能刺激黏膜和皮肤神经末梢，更应该说是辣素物质刺激黏膜和神经末梢引起的一种痛觉。

辣椒所含的辣素物质是辣椒素、辣椒醇、二氢辣素、降二氢辣素等，其辣味是在口腔中引起一种近似于烧灼与刀割般的痛感。胡椒所含的胡椒碱、胡椒素给人一种近似烫伤与针刺的痛感。姜所含的姜酮、姜脑可引起特殊的热辣感，而且持续时间较长。大蒜的辣味成分主要是硫醚类化合物（蒜素），所引起的辣感单调。葱的辣味也是硫醚，其辣感不强。其他的辣味品，如芥、山俞菜（辣根）、辣芹、辣萝卜等所含的辣味物质及其引起的辣味各不相同。

在所有的辣味蔬菜中又以辣椒种类最多，没有辣味的，微辣的，非常辣的，甚至用其辣作为武器。

辣椒的辣度衡量单位为斯高维尔，它表示一定量的辣椒磨碎后，用水稀释直到察觉不到辣味，这时的稀释倍数就代表了辣椒的辣

辣椒花蕾和小辣椒

甜味辣椒

度。世界上已知最辣的辣椒可达100万斯高维尔，而我们食用的辣椒多在1万～15万，以5万以内的为主。但要记住了，辣椒的辣对人体皮肤都能产生灼烧的痛觉，尤其是皮肤薄嫩的部位。所以，我们切辣度高的辣椒后，不要马上接触身体皮肤薄嫩的部位（如眼睛）。

　　我国大概有近4亿人是经常吃辣椒的，以云南、贵州、四川、重庆、湖南最出名。但不同地方的人都有不同辣的搭配食法，云南以香辣为主，就是蒜头配辣椒，贵州人以酸辣为主，以酸菜或木瓜（蔷薇科的木瓜）配辣椒，四川、重庆以麻辣为主，以花椒配辣椒。过去广东人大多数是很少吃辣椒的，改革开放后南北交往频繁，在各城市都开有不少川菜馆、湘菜馆，广东本土人也开始接受辣椒，但总是希望能找到既有辣的香气而辣的感觉少的辣椒。这里介绍三个方法：一是甜椒很少有辣的香气，味觉是甜的，类似指天椒的小辣椒一般是较辣的，而大的尖椒并且颜色浅一些的大多是有辣香，辣味不是很重；二是如要减少辣椒的辣，最好是把种子和连接种子部位的胎座除去，这样辣味就少了很多；三是烹调辣椒时，先用油炒蒜头再放辣椒，这样辣椒的辣会"温柔"得

多种辣椒

外形皱缩的优质辣椒

多了，这可能与蒜头炒熟后，其所含蒜素转化为硫醇有关。辣椒的辣在烹饪中有除腥、除腻和增香的作用，尤其在烹饪鱼和食用菌时能起到很好的提鲜作用。辣椒含有丰富的维生素C，其性温热、味辛，能起到消宿食、散结气的作用。但凡事都有个度，如在烹饪时用辣椒太多会抑制或掩盖了其他食材的香气和风味。平素阴虚内热的人要少食辣椒，如《随息居饮食谱》中所说："人多嗜之，往往致疾。阴虚内热，尤宜禁食。"

最后介绍现在市场备受欢迎的辣椒类型。由于其外形皱缩，似"猪大肠""羊角""螺丝"而称其为"猪大肠椒""羊角椒""螺丝椒"等。这类辣椒皮薄，脆嫩，辣香气足，且不是很辣，如烹调时加些蒜头，辣的感觉就更"温柔"了。

8. 笋为蔬中尤物

清代张潮的《幽梦影》里有这样的一段话："笋为蔬中尤物，荔枝为水果中尤物，蟹为水族中尤物，酒为饮食中尤物，月为天文中尤物，西湖为山水中尤物，词曲为文字中尤物。"尤物又何解？查《辞源》可知：一是特殊的人物；二是珍贵的物品。但在举例中又分别有："《左传·昭公二十八年》，夫有尤物，足以移人。""唐代白居易长庆集四八骏图诗：由来尤物不在大，能荡君心则为害。"

在我们日常吃的蔬菜中，最有争议的莫过于竹笋了。有说它含有丰富的植物蛋白、糖类，以及大量的胡萝卜素、维生素B_1、维生素B_2、维

竹笋

生素 C、钙、磷、铁、镁等，是低脂肪、低糖、多纤维素食品，具有促进肠道蠕动、帮助消化、防治便秘的效果，而且对减肥，防止大肠癌、乳腺癌也有作用。但又说竹笋性寒，发痼疾，平素脾胃虚寒的人忌食。看来正是应了坊间老人的话：喜欢食的不可多食，不喜欢食的不可不食。每个人的体质差异很大，喜欢食时，往往是需要的，但过犹不及，食单一蔬菜容易把其缺点充分显现出来；而不想食某种蔬菜时往往是不需要的，就不妨只是帮助平衡其他食物吧。对笋这尤物，古人有训："食笋譬如治药，得法则益人，反之则有损。"

我们平时食用的竹笋主要有两大类型：一种是丛生型竹的竹笋，如麻竹和绿竹，没有竹鞭，其竹笋是从母竹秆基部的大芽萌发后形成的。另一种是散生型竹的竹笋，如毛竹、早竹等，其竹笋都是由地下竹鞭上的侧芽发展成的。毛竹笋芽到冬季已相当肥大，平时说的冬笋就是指它。成语说的"雨后春笋"，主要指散生竹的竹笋。夏天的竹笋主要是丛生竹的竹笋。毛竹主要分布在长江流域，广东要

虚心竹有低头叶——毛竹叶、毛竹

在北部山区才可以正常生长，广东南部种植的大多是麻竹、绿竹这类丛生竹。

由于冬笋是完全长在泥土内的，通过看母竹的年龄、竹枝叶的朝向，判断竹鞭的走向，以及确定冬笋的大概位置。故此，挖冬笋非常讲究技巧。鲜食丛生竹的夏竹笋栽培得法，要用疏松的肥土堆培，不让笋出土，这样笋才嫩、爽、甜。春笋一般是长出土一小段就要挖，否则笋就老化，甜味少。竹笋挖出后很容易老化，除了冬笋还可以通过低温贮藏保存一段时间外，其他笋挖出后越新鲜吃越好。

要做出好吃的竹笋菜式，在烹调时有两个原则：一是要焯水；二是要用肉类或肉汁来煨。但要记住，笋为蔬中尤物，喜欢吃也千万不要过量了。

潮州江东镇栽培的丛生竹

剥去外壳后的冬笋

长在竹鞭上的冬笋

9. 莫待无丝藕不绵

人世间奏响恒久的乐章正如《孟子·告子》中说的"食色，性也"，说的是人离不开饮食与情感。上图一眼望去，便可脱口而出"藕断丝连"或"情短藕丝长"等有关情感的话题，而藕丝的多少，市场菜贩说是反映莲藕食用品质的重要指标，藕丝长，藕新鲜，藕即绵。而事实上，藕丝是莲藕中负责运输水和养料的螺旋状导管次生壁抽生出的木质纤维素，莲藕不单是藕茎上有藕丝，叶梗等多个部位也有藕丝。莲藕是否"绵"，与品种和收获季节（烹调方法不同而使口感有差异以后再谈）都有很大关系。

莲依其用途分为菜用和观花用。菜用的又按其食用部位分为子莲和藕莲。子莲花多，结子也多，产品为莲子，下部的藕则较小；藕莲花较少，结子也少，下部的藕则较大。藕莲在第一片出水的叶片干枯后则可以开始采收（在广州一般在7月初），这些藕为脆藕。入秋后就收老藕，这时的莲藕为大多数人都喜欢的绵藕。莲藕绵与否，或者是绵绵的口感怎样，与品种有一定的关系。但最关键的是要新鲜，挖出莲藕后最好是尽快吃，要么是用泥把莲藕浆好，或是用真空包装，但口感已有差异了。依过去的经验，莲藕出水后一个星期，藕丝就开始变得没有那么有生气，秋冬的藕也不是很绵了。

其实，除了一些块根茎类的蔬菜，如马铃薯、芋头等外，不单是莲藕，大多数蔬菜还是越新鲜越好，尤其要生吃的，如包心生菜，更是如此。

我们在城市化的今天，既要发挥城市集聚资源的优势，推动社会发展进步，又要合理安排土地，保留足够空间，奏响饮食与情感的乐章。

藕莲第一片叶出水

化作新泥更护花——子莲

10. 夜雨剪春韭

杜甫的"夜雨剪春韭，新炊间黄粱"告诉我们春天的韭菜是最合节令的，也告诉我们春天夜雨后割的韭菜是品质最好的。古谚云："日中不剪韭"，意思是说烈日当空时不适合割韭，收成的天气以下雨为佳，

雨后的春韭

即陆放翁诗所说"雨足韭头白"，就是说，春天下雨后韭菜长得嫩。

韭菜性温，味甘辛，有健胃暖中、温肾助阳、散瘀活血的功效，故此，韭菜又有"起阳草"之称。春天正是万物复苏时候，人体阳气需补养，而韭菜性温，又是最早知时雨的蔬菜之一，无论从食用品质，还是从其性味都是初春的最好选择，但是阴虚火旺、胃虚有热、溃疡病、眼疾之人就要忌食了。还有是：韭菜春食香，夏食臭，多食而神昏目暗，酒后尤忌。

现在市场上，一年四季都有韭菜卖，要吃好的韭菜，或者是说要合性味节令，以春天吃为好，平时作为香口的配菜也是不错的选择。韭菜遮光后就成韭黄，味没有那么浓，但口感脆嫩得多，虽然价格不低，但与过去相比，韭黄已经不再是有钱人才能吃得起的蔬菜。

在广州的菜市场，春季特别好的蔬菜除了刚才说的春韭外，还有菜荞、带刺的青瓜、枸杞叶、香花菜和从外地运来的香椿；早春从海南运来的通菜也是很好的。

荞菜

青瓜

香花菜

收韭黄

各种配菜

11. 秋生紫苏为蟹香

记得曾经看过的书上有这样一句话"秋生紫苏为蟹香"。初读时觉得奇怪了，紫苏作为唇形花科的植物，是典型的短日照植物，也就是在秋季短日照时它就大量开花，叶片就很少了，并且枝叶也老化，不好食用，剩下的是浓浓的香气，倒是春天时，叶片茂盛，嫩嫩的。但细想下，此话就是说紫苏主要是作配菜用的，并且不同地方因习惯不同配的主菜也不同。另外，我们在秋天要有嫩嫩的紫苏也不难，在保证一定温度下，人工加光，使其光照时数达12小时以上就可以了。

我们都知道秋天的蟹最肥美，正是"螯封嫩玉双双满，壳凸红脂块块香"。但蟹是性寒之物，多吃容易积冷。紫苏性辛温，可解鱼蟹之毒。江南一带喜用紫苏叶蒸大闸蟹，吃时配生姜、香醋，所以就有《红楼梦》中宝钗食蟹的经典绝唱："桂霭桐阴坐举觞，长安涎口盼重阳。眼前道路无经纬，皮里春秋空黑黄，酒未敌腥还用菊，性防积冷定须姜，于今落釜成何益，月浦空余禾黍香。"广东吃河蟹则配蒜头、姜、大红浙醋，以解蟹之寒性，减少吃蟹过敏。在广东，紫苏多用于配田螺。田螺也是寒性之物，炒田螺除配以紫苏外，还有姜、蒜头、辣椒等以解田螺的寒性，并使味道更鲜和。

在我们日常生活中，还有不少蔬菜是作配菜用的，除姜、葱、蒜、芫荽和上述的紫苏外，还有一种很特别的配菜叫金不换，又称罗勒。广东用的多是丁香罗勒，特别是潮汕地区的饮食，用金不换炒薄壳（一种贝壳类的海产），金不换的特有气味很配薄壳的鲜味。国外食用的多是大叶罗勒，他们配什么就未有细考究了。

秋天的紫苏

春天的紫苏

151

12. 冬日白菜烩素鸡

一日，生于山东青岛的媳妇考我这个"老农民"素鸡是什么？她以为我这个"泥腿子"不识此雅称为何物。殊不知，我这个"老农民"耕作之余还时时走走寺庙，吃吃斋素。素鸡者，豆腐皮也。逛寺庙吃斋素时，经常有素鸡、素鱼之菜名，当时已觉奇怪，既然出家人不吃荤，何苦把素菜也叫作荤名？是出家人六根未净、凡尘未了？非也，应是说在"荤菜"面前，出家人六根清净，不为形形色色所动，视一切色相为虚妄。所谓鸡者，非鸡也，是名鸡，并能科学地把人体必需的蛋白质用素菜——豆腐制品，来补充。

白菜，大家都知道分为大白菜（又称黄芽白、结球白菜）和普通白菜（又叫小白菜，古时称菘）。在广东的冬天，无论小白菜还是大白菜都能生长得好，品质也是很好的。但"冬日白菜烩素鸡"多是北方口味。改革开放前，中国北方大部分城市，就如青岛这个城市一样，冬天的蔬菜就是大白菜、大葱、马铃薯、豆芽这几种。在北方，漫长的冬天，绿叶菜就是秋天收获后储存的大白菜。所以，北方对大白菜的研究，无论在品种改良、栽培技术、贮藏技术，还是加工技艺、烹调菜式方面都做得很精细，甚至是工艺品，比如存放在台北故宫博物院的"翠玉白菜"也是一等的国宝。东北大部分地区腌制的酸白菜是有名的地方特色菜，而吉林朝鲜族腌制的酸辣白菜更是《舌尖上的中国》推荐的名食。

改革开放后，特别是随着南菜北运和北方大棚蔬菜技术的不断成熟，冬日的北方菜市场不但有从海南、广东、广西、四川、云南运去的豆角、丝瓜、苦瓜、豆苗、莴苣等，还有北方大棚生产的青瓜、辣椒、番茄等，但是贮藏的大白菜由于其性平味甘，有养胃、利二便之功效，风味好，价格又实在，故此，深受广大民众喜爱。

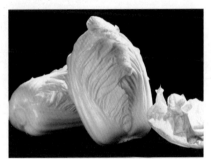

大白菜

小白菜

13. 不撤姜食，不多食

不知为什么，在南怀瑾的《论语别裁》中，除孔子描述生活的第十篇"乡党"外，其余19篇485节都旁征博引、深入浅出逐一讲解，对于《论语·乡党》第八，孔子用否定句说出肯定的饮食原则，更是没有讲解。参考《论语》其他的译评版本，对这节解释得也是不尽人意，尤其是对"不撤姜食，不多食"解释得五花八门。基于此，只好斗胆做一解读："烹调食品时，不要缺少姜，但不要吃得太多。"

姜

传统中医认为，姜性温，味甘辛。《黄帝内经》以阴阳平衡论、邪正盛衰论、天人相应论等指导人们防病、治病和养生，认为：阴阳失衡则生病，"正气内存，邪不可干""人以天地之气生，四时之法成"。

四川攀枝花一菜市场的几种姜

姜辛温，能祛寒去腥，助生人体内阳气，故有"冬食萝卜、夏食姜""上床萝卜，下床姜"的民间养生之法。就是说，在秋冬季节，要以养阴为主，姜少吃一点。同样，晚饭后是一天入阴时候，早上起床是升阳时候，上午可以多吃一些姜，晚饭就少吃一些。根据不同季节、时辰选择多吃还是少吃姜，对养生大有帮助。

山东大肉姜

姜的适应性很广，全国多个省份都有栽培，以山东栽培水平最高，亩产在5 000千克左右，高的可达6 500千克。每年10月正是山东姜收获的季节，农民收姜后，大部分存放在好几米深的地窖内，一般可存放一年，等到价钱高时再出售。

萝卜

14. 富吃萝卜，穷时豆腐

当今，大多数的国人都是肠胃负荷过重、营养过剩。萝卜的功效正好是健胃消食、顺气、清热、生津，适合气滞便秘之人食用。可见，物质丰富的年代，吃饱并撑着，多吃些萝卜是有益的；而物质短缺的年代，最廉价的蛋白质获得非豆腐莫属。萝卜性凉，味甘辛，是养阴的好食材。适当的低温和较大的昼夜温差，生长出的萝卜品质就好。所以，一年以冬季吃萝卜为最佳季节。冬季既可吃到好的萝卜，又能滋补养阴。前面说过的"上床萝卜，下床姜"，就是说晚餐吃萝卜是最好的。民间说"萝卜青菜各有所爱"，当然是说饮食方面各人各有所好，但爱好之下，也很大程度地反映某人的体质，以及身体需要而产生的条件反射。

很早以前，我们听老人家说，吃人参或补品时不要吃萝卜。最极致的，假如某人血脱脉微需要服用"独参汤"，从"独参汤"的歌诀"独参功善得嘉名，血脱脉微可返生；一味人参浓取汁，应知专任力方宏"可知，大补救命的时候，当然是不要吃破气的萝卜了。但是，如果平素吃参、黄芪等温补过多而气滞上火，服食萝卜是最好不过了。

萝卜有很多种类，除了白萝卜，还有青萝卜、樱桃萝卜等，它们都是十字花科的，而胡萝卜是伞形花科的，这从两种花的外形就可看到。

广东潮汕地区萝卜除了被做成各种菜式外，还大量用于加工，做成萝卜干或老萝卜干。他们认为如果消化不良、气滞，喝白粥，搭配上老萝卜干，比看医生还管用。

广州传统上有"耙齿萝卜"品种，品质特别好，但产量不到市面高产品种的一半。现在有些成功人士喜欢租块地自己种，不施农药，杀地下害虫只是种植萝卜前用"火攻"，种出的萝卜可谓"麻婆脸，玉女心，萝卜成了奢侈品"。还在客厅附庸风雅，挂上一联"青菜萝卜糙米饭，瓦壶天水菊花茶"。

红皮萝卜

晒萝卜干

（三）菜盈倾筐

《齐民要术》记载有"勤则菜盈倾筐"，说的是勤快就可以挑得到满满的倾筐蔬菜。但今日大城市的菜市场一年四季鲜蔬都非常丰富，单靠城市自身种植的蔬菜是很难做到的。以广州2020年数据为例，广州蔬菜播种面积226.46万亩，总产量403.84万吨，如以每人每天消耗鲜菜0.5千克计算，这样的产量是足够的。但我们要知道，蔬菜绝大多数是新鲜的，很不耐贮藏，又由于蔬菜产品结构上的差异和季节性丰缺，广州所产的蔬菜超过半数要销往外地，而一半以上要由外地运入广州。这样，

倾筐蔬菜

广州菜农生产的蔬菜才可以卖出而获利，广州的市场才可做到"鲜蔬四时丰"。

不少人把孔子在《论语》中所说的"不时不食"只理解为要吃就吃当地当季所产的食物。很明显，这是片面的。那么，就蔬菜而言，如何全面理解"不时不食"？没错，当地当季所产的蔬菜一般都适合我们大多数人的，但我们前面已说了，广州的蔬菜超过一半是从外地运来的，这些外地有远到西北的宁夏，或是西南的云南，又或是山东、河北，也有是海南等地的。所以，外地的蔬菜只要在当地合乎蔬菜生产季节，品质也应是好的，更何况有些蔬菜在特定的环境下生长，其品质才是最好的。即使有些蔬菜在运输过程中养分和品质有一些变化，也是一个很好的选择。还有更进一步的理解是，我们需要某种蔬菜的时候就不妨多食。有些蔬菜，如姜、紫苏、萝卜、葛等不像大多数蔬菜一样属性平，而是偏热或偏凉的。最容易产生误区的：不是说天人合一吗？"这个季节不吃当季合令时蔬，吃不合时的蔬菜，会出毛病的。"多想一层就明

粉葛

茭笋

荷兰豆

广州从化一菜场

白了！没错，天人合一，但当我们有小恙的时候，比如身体稍有上火，多食用偏凉的蔬菜不就与天一致了吗？所以，有老中医告诉虚寒体质的人士，不要死板地记着"冬食萝卜，夏食姜"的民间验方，这些人士，若要冬天手脚不冰凉，倒是多吃些姜有好处。可见，蔬菜不但是美味佳肴的素材，也是我们健康养生不可缺少的食品。正如《黄帝内经·素问·五常政大论》所说的："大毒治病，十去其六；常毒治病，十去其七；小毒治病，十去其八；无毒治病，十去其九。谷肉果蔬，食养尽之，无使过之，伤其正也。"可见药食尽管同源，但是同源不等于相同，逢药三分毒，平素养生还是需要全面理解"不时不食"，以谷肉果蔬为主，但也不要太过量了。

1．炎炎夏日，瓜棚豆架

岭南地区每年的五月开始到十月初即是夏天，气温高，雨水多，不时还有台风袭击。这时候当地产的蔬菜主要是各种瓜类和豆类。瓜类主要是苦瓜、节瓜、冬瓜、丝瓜、南瓜、瓠瓜、蛇瓜、老鼠瓜等，豆类主要是各种长豇豆、刀豆和四棱豆等。

前面已对苦瓜和丝瓜作了介绍，大宗生产消费的还有冬瓜、节瓜、南瓜。传统上冬瓜主要有大大的黑皮冬瓜，以及一种表皮有一层"白霜"的粉皮冬瓜，近年来又推出专门做小冬瓜盅的"迷你"冬瓜、有芋头香味的"芋香"冬瓜等。节瓜除了常见的深绿、浅绿皮色，表皮上有斑点或无斑点，但瓜肉都是白色的几种外，还有一种瓜肉绿色、紧实、瓤小、皮较厚的节瓜，尤其适合做上汤浸瓜。平时市场卖的南瓜主要是三大类：中国南瓜，即我们传统说的南瓜；印度南瓜，街坊们很多称为小南瓜，书本上称为笋瓜；美洲南瓜，又称西葫芦瓜。古老的瓠瓜（又称葫芦瓜、蒲瓜），由于抗病性强、丰产，市场上的品种越来越多。改

夏日瓜豆

革开放前，夏天菜市场常见与青瓜一起的白瓜，现在很多菜市场都少见了，就算有市场售卖，其所占的份额也很少。原因是以前外地运来的瓜菜少，白瓜耐湿热，本地多种植，可补充淡季瓜菜的不足，而现在质优价好的瓜多了，因其瓜味太淡，已被挤到市场的边缘。近几年市场又多了蛇瓜、老鼠瓜一类的新种类。

属于葫芦科的各种瓜，除了个别性平味甘外，大多数性凉味甘，尤其适合炎夏清热解暑用。广州的夏天，人们除了清热去暑外，由于湿气重，健脾去湿也是不可少的。豇豆，就是我们说的豆角，性平味甘，有很好的健脾、补肾、益气、养胃的功效。一方面是生产上夏天气候适合瓜豆类生长，另一方面适合消费者的需求，所以，夏天的广州菜市场各种瓜豆琳琅满目，就如天天是瓜豆类博览会，广受消费者欢迎。

瓠瓜

与今天菜市场丰富的瓜豆相比，20世纪60—70年代，市场上瓜豆品种就少得多了，但城市中的街巷倒是有不少瓜棚豆架，老人小孩在瓜棚豆架下打牌下棋，聊天避暑。当年在街巷中种的瓜类主要是水瓜、葫芦瓜等。几十户人家的街巷，只要有一两棚水瓜，满街坊都可以时时摘来吃。由于水瓜容易管理，丰产，广州人又认为水瓜是寒凉之物，不能经常吃，所以大大的水瓜就经常留在瓜棚上，一直让其长老，用来作水瓜络，上火时煲凉茶或用来清洗碗碟。而有些家庭则种葫芦瓜，记得当时种葫芦瓜主要是用作纳凉避暑，而所收的葫芦瓜

四季豆

小南瓜

主要是老熟的瓜作水瓢或装酒的器皿用的。所种的豆主要是刀豆和四棱豆。刀豆和四棱豆主要生长期较长，整个夏天都是绿绿的，嫩荚用来素炒或炒肉。刀豆很多时候是腌酸用，夏天吃酸刀豆特别开胃解渴。今天要找到这样的瓜棚豆架，恐怕要在小乡镇才有了。

冬瓜的几种类型

　　现在广州夏天菜市场除了各种当地产的瓜豆外，当地应节的叶菜就少了。除了"四九-19菜心"等较耐热的菜心品种在夏天还可以生产外，大多数的菜心、芥蓝、奶白菜、芥菜、生菜等叶菜都是从宁夏、云南、贵州等地运来，以及利用设施栽培的。广州夏天比较适合露地生产的叶菜主要是藤菜、苋菜和通菜等。

四棱豆

163

2. 季节由人造——温室蔬菜

很多人都说，温室大棚栽培的蔬菜不如露地大田生产的蔬菜好。没错，露地大田生产的蔬菜，一般在色泽、风味及维生素含量上均优于温室大棚栽培的同类蔬菜，所以在蔬菜产业生产的角度，都提倡"适地适种"和"适时适种"。

但是我们前面已说过了，北方的冬天如无大棚温室生产的蔬菜或外调入的蔬菜不足时，吃新鲜的蔬菜将会是非常奢侈了。大棚温室栽培蔬菜的成功和技术、品种的不断完善，使生活在冬季漫长的北方平民百姓都可以吃到新鲜的蔬菜。

有些蔬菜，如青瓜，在同一地区适合露地栽培时间短，从外地运来也会失去其脆嫩甘甜的品质，倒是通过大棚温室，加上基质栽培，在选好适合温室栽培的青瓜品种的基础上，科学的营养配方施肥，采摘后的青瓜还带着未掉落的花朵，瓜刺满身，轻轻地一掰就断了。这是做凉拌菜的最好材料，既鲜嫩，又没有大田种植中的大肠杆菌污染。

其实，担心大田种植受致病菌污染的蔬菜，往往是生食用得最多的生菜。随着与海外交往的增多，洋人生食蔬菜的习惯也在影响我们。我

在芬兰参观了一个工厂化生产生菜的温室，10多个工人就能生产满足一个小城市很大部分的生菜消费。劳动生产率高和洁净卫生，正是人们不懈的追求。在马来西亚的金马伦，借助其低纬度、高海拔的特点，架设防雨水的设施，使该地区成为新加坡等大都会鲜蔬主要的生产地。

广州增城温室种菜

在广州，夏天高温多雨，通过薄膜大棚，避免雨水落到菜和泥土上，再加上防虫网，从而减少病虫为害，使广州的夏天多了不少优质新鲜的叶菜。就是说，在夏天多雨季节，通过设施把温室内涵扩大了——营造蔬菜生产需要的季节，这不是很好吗？

脆嫩小青瓜

（四）耕种得法

所谓耕种得法，就是我们选择某一蔬菜品种，按照质量标准管理，而获得优质产品和最好的经济效益。

我们知道，现在栽培的蔬菜是人们通过对野生蔬菜长期驯化和人工培育的。蔬菜品种的优劣，是蔬菜生产成败的关键。优良的品种，不仅产量高，外观好，风味优，并且适应性强，抗病性强，在生产中可少用农药。所以，在蔬菜产业发展中，培育良种是第一要素。

蔬菜生产大多是以种子播种栽培的，所以有了好的品种，其种子还要整齐饱满，发芽率高，不带病虫菌等，才能保证丰产丰收。因此，繁育良种也是一关键因素。

耕种得法，鲜蔬倾筐

芦笋

几种类型的椰菜花

　　随着人口的增加，城市不断扩大，工业快速发展，原本的菜地有些已变为城市或工业区，生产的场地无论大气、土壤、水质都发生了变化；另外，蔬菜生产上农药、化肥的使用，使得广大消费者最关心的是蔬菜质量安全问题，并进一步提出今天我们的靓菜准则是什么等问题。

　　良种的培育，传统上是有性杂交。近20多年来，通过转基因技术，培育新品种，往往是人们议论的热点，民众总是对过往少见的蔬菜提出是否转基因的疑问，然后就热烈争论转基因是否安全的问题。

　　当年孔子的学生樊迟请教孔子如何种菜，孔子抱着"知之为知之，不知为不知，是知也"的原则，让樊迟向老农请教。我们也抱着同等的原则，就大家关心的问题一起讨论吧。

收获的番茄

小白菜生产状

美国罗德岛一有机农场

1. 有机、绿色、无公害

蔬菜质量安全问题是所有去市场买菜的人最关心的。蔬菜的质量安全主要是指蔬菜卫生品质，即蔬菜生产所选择的品种在其生产过程中产品被化学农药、化肥、工业有害物、生活污染物等污染的程度。

我国对蔬菜卫生品质主要分三个认证进行管理，即无公害蔬菜、绿色食品蔬菜、有机食品蔬菜。

无公害蔬菜是指产地环境、生产过程、产品质量符合国家有关标准和规范的要求，经产地认定和产品认证合格，并允许使用无公害农产品标志的未经加工或初加工的食用蔬菜，是蔬菜上市销售的基本条件。无公害产品认证由农业农村部委托各省农业农村厅组织实施。无公害蔬菜生产过程中允许使用农药和化肥，但不能使用国家禁止使用的高毒、高残留农药，并对使用农药与农产品采收之间有严格安全间隔期；生产上要控制使用化肥，化肥施用时必须与有机肥按氮含量1：1的比例配合施用。

绿色食品蔬菜是指遵循可持续发展的原则，在产地生态环境良好的前提下，按照特定的质量标准体系生产，并经农业农村部中国绿色食品发展中心认定允许使用绿色食品标志的无污染的安全优质营养蔬菜。绿色食品蔬菜是农业农村部倡导认证的蔬菜，分为A级和AA级两种。生产比无公害蔬菜要求更严格，A级绿色蔬菜要求在生产过程中限量使用化学合成生产资料，AA级绿色食品蔬菜则严格要求不使用化学合成生产资料。

有机食品蔬菜是指蔬菜生产过程中严格按照有机生产规程，禁止使用任何化学合成的农药，以及基因工程生物及其产物，遵循自然规律和生态学原理，采取一系列可持续发展的农业技术，协调种植平衡，维持农业生态系统持续稳定，且经过有机食品认证机构认证并颁发有机食品证书的蔬菜产品。有机食品蔬菜在病虫害防治上，以合理轮作、选好合适品种等为主，结合生物、物理防治，必要时可用规定的矿物质，如硫黄、石灰等和植物性药剂，如苦楝素、除虫菊素等进行防治。在停止使用2～3年以上化学合成的肥料、农药的农场才能申请有机农场，在此期间生产的产品只能叫有机转换产品。

从以上的资料可以看到，我国14亿多的人口，要解决食物安全问题，或者说要保证菜篮子供给，还是要面对实际，只要我们严格执行无公害食品质量标准的规定，蔬菜卫生品质即大家最关心的质量安全问题是有保障的，并且营养品质和风味品质也是能达到广大消费者要求的。

芥蓝生产状

节瓜生产状

2. 有虫眼的蔬菜

时不时在坊间听说，有虫眼的蔬菜是安全的，没有打农药。这说法对吗？我认为不一定，并且很多时候是错的。

有虫眼的小白菜

蔬菜有虫眼有两种可能。一种可能是生产有机蔬菜，不使用化学合成的农药，明明看见有虫为害，只能用植物性或个别矿物质杀虫剂，杀虫的速度往往比较慢，而使叶片留有虫眼。前几年在美国罗得岛州一个有机农场看见的正是这样的蔬菜。另一种可能是虫害防治不及时或者害虫对农药有了抗药性，就是说没有在害虫为害前或在害虫抵抗力最弱时采取防治措施；或者某种害虫对使用的农药有了抗性，使用农药后，害虫继续为害；又或者使用农药后没有按规定的间隔收获要求采收。可见，叶片有虫眼的菜仍可能有农药残留，不一定就是安全的。

又有人会说，无虫眼的就一定打了农药，这也不一定对。其实，病虫害防治有很多种手段，在适当的季节，选择种植适合的品种，病虫害可以减少，如严冬后首场春雨后的韭菜、香花菜是很少有害虫为害的；又或者有好几个月的寒冬、夏天光照足、空气干燥的宁夏，所种的菜心病虫害也是很少的。还可以采用物理防治的办法，就算是夏天也能生产无虫眼、无农药残留的蔬菜，如广州增城就有几个农场是这样的。如果在完全工厂化条件下，生产的蔬菜不但没有虫眼，而且只要营养液配方科学合理，所选的品种又对路，蔬菜的风味也很好，用于生食，可以充分保留蔬菜的维生素C。

可见，蔬菜有否虫眼不能作为判断蔬菜是否打了农药的标志，更不能是判断品质优劣的标志。

防虫网内种植的生菜

3. 靓菜准则

我们都知道，靓菜不能只就其外观颜色、新鲜度等来下结论。是否为靓菜，不同的主体有不同的要求。作为耕田者总是希望栽培的蔬菜抗性强，适应性强，高产，能卖个好价钱；收购运输者首先考虑蔬菜耐贮运；零售者则希望蔬菜放上菜架后能保持新鲜度的时间尽量长。作为消费者，除了从外形、大小、颜色、整齐度、新鲜度等外观鉴别外，也考虑买的菜是否口感好，风味足；还有就是蔬菜产品的营养成分是否好；再就是老话题，要买的蔬菜是否有农药、重金属、生长激素等有害物质残留。可见，从消费者的角度，靓菜的准则至少包含外观品质、风味品质、营养品质和卫生品质四个方面。

前面已经说了，蔬菜安全卫生品质国家已制定了不同等级的标准，作为生产者要按照生产的等级严格执行标准，政府有关部门应做好监督监管执法。所以，这里不介绍如何在菜市场买到卫生品质安全的蔬菜。其他的三个品质，要么是受消费者个人爱好影响很大的，要么是未有制

优质的金丰番茄，快成熟时有一典型"绿肩"标志

定标准的。以营养品质为例，大家肯定都想维生素含量越高越好，但某种蔬菜无论风味还是所含营养成分都是有定数的。我们这里介绍影响其他三个品质的因素（以下简称蔬菜品质）和在菜市场如何买到靓菜。

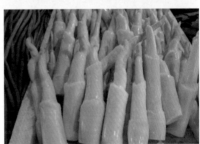

上海一菜市场剥去外鞘的茭白

影响蔬菜品质的因素，第一是蔬菜品种，同一种蔬菜有很多品种，全国蔬菜大流通开始时，育种者往往考虑的是如何培育抗病、高产、耐贮运的品种，以"石头番茄"为例，个头鲜艳，产量高，耐贮运，但风味差，不酸，不甜，皮厚。辣椒也是如此，选育皮厚、

红叶生菜

173

广州一菜市场的新鲜蔬菜

椒身直的品种。随着消费者对风味品质要求的提高，现在市场已有不少番茄是皮薄、汁多、味浓的好品种；辣椒则以皮薄、皱皮的品种为优。至于如何解决耐贮运等问题，首先是优质优价，其次要生产者及营销人员想办法了。第二是适时适地区域化种植。在适于某种蔬菜生长的地区和季节栽培蔬菜，不仅产量较高，投入成本较少，管理也较容易，并且品质也会较好。所以，要在菜市场买到好菜，我们多学习一些生物学和农业基本常识，多到野外、农村走走，对买靓菜是有帮助的。起码要知道，广州的夏天以瓜豆类生产为主，冬天以叶菜类为主，夏天的叶菜是在较冷凉气候地区生产的，冬天的瓜豆很多是在海南、粤西种植的。第三就是栽培技术了，多施有机肥、控制肥水、合理密植等，对蔬菜的品质影响也非常大。

说了半天，你可能认为还没告诉你在菜市场如何挑拣靓菜。我认为已经说了，就是我们只要懂得保证蔬菜品质的几个关键，然后多去几次菜市场，亲自买几次菜，你的靓菜准则就有了。

4. 杂交育种和转基因育种

人类自有耕作以来，从未停止过对作物的遗传改良。无论是应用传统杂交育种技术，还是利用转基因育种技术，就其现实目标来说，都是获得物种的优良基因，对原物种进行遗传改良，满足人们对某些特定性状，如高产、优质、抗病虫害、耐贮运等的需求。

1865年，孟德尔发现遗传定律，20世纪初，遗传学作为一门新的独立学科诞生。在遗传学创立前，农作物通过随机和自然突变的方式来积累优良基因。遗传学创立后的百余年时间里，作物的育种更主要是采用

多种樱桃番茄

传统人工杂交的方法，进行优良基因的重组和外源基因的导入而实现遗传改良。种内各品种间的杂交，叫近亲杂交。种间、属间或更高级的单位之间的杂交，叫远缘杂交。育种工作者，常常遵循近亲易于杂交的法则，培育出新的品种。远缘杂交难度很大，对其杂种后代遗传规律性的预测和控制，以及杂种性状的稳定等都存在许多困难，但对远缘杂种分离的广泛性，提供了更丰富的基因重组类型和更广泛的选择机会。

1974年，科恩（Cohen）将金黄色葡萄球菌质粒上的抗青霉素基因转到大肠杆菌体内，揭开了转基因技术应用的序幕。1994年，美国Calgene公司推出的转基因耐贮运番茄品种FlavrSavr是通过分离一个与乙烯（影响果实成熟的物质）代谢有关的氨基环丙烷羟酸（ACC）合成酶基因，然后再将其反向（反义）导入番茄，从而抑制乙烯的合成，其果实长期保持绿色，硬实，该品种易于运输和贮藏，成为世界上第一个商业转基因植物品种。

传统杂交育种和转基因育种在本质上是完全不同的。传统杂交育种没有打扰基因原本的调控系统，是纵向的生物遗传，杂交的亲本不会有天然的阻隔，并且经过多年自然环境压力下的筛选，所以，世界卫生组织（WHO）和联合国粮农组织（FAO）没有要求对杂交后获得的新品种进行任何安全评估。但是转基因育种可以冲破生物界物种间的天然阻隔，实现遗传物质——基因在种、属、纲、门、界间转移。不同的物种间有不同的基因修饰调控系统，横向的跨物种间基因转移造成的表达差异，就现代的科技水平是无法评估和控制的。因此，WHO和FAO都明确表示，对转基因食品必须像药品一样做细致的安全评估实验，并且必须个案处理。

传统杂交育种通过随机配组获得新品种，实现育种目标不容易，要凭经验和运气，需要几个世代，甚至数十个世代的杂交和回交完成基因转移，育种周期长，并只是在原有物种基础上，改良某几个性状。而转基因育种则是将目的基因导入目标个体，可以在一个或两个世代完成基因转移，育种周期短，并且改良物种性状，或者无视基因物种的限制，提供自然界原本不存在的新产品。

很多时候，人们对过往未见或少见的蔬菜都会脱口而出把刚知道的名词——转基因加在这些蔬菜身上，如甜玉米、樱桃番茄等都被认为是转基因品种。果真是吗？事实是这样的，玉米籽粒中淀粉合成是这样一个转化过程：单糖→低聚糖（可溶性糖）→淀粉（多糖）。如果控制玉米籽粒淀粉合成的相关基因发生突变，使籽粒的淀粉合成受阻，以低聚糖的形式大量积累，口感就会出现甜味。因为控制淀粉转化的基因有多个，不同的基因突变产生的甜玉米基因型不同，籽粒内各种糖分比例也略有差异。各种自然突变基因，发现后通过传统育种方式加以利用。如世界上第一个甜玉米杂交种——达令早熟于1844年育成，但直到1911年人们才对 *su1* 基因有较深入的了解。而转基因是近几十年的新技术，可见，这些甜玉米的甜味不是通过转基因得到的。

不同类型的玉米

西兰花与芥蓝杂交选育而成的西兰薹

　　樱桃番茄更是在原有的番茄资源中，发掘过去人们认为其个头小、产量低的品种，然后通过传统杂交选育出来的，其大小、颜色丰富也不是通过现代转基因育种得来的。

　　无可否认的是，现代转基因技术是一项先进的技术，有可能是解决人类在地球资源严重约束下能延续生存的技术。但要使人们接受这项技术及其产品，一是必须要把真相告诉广大民众，含含糊糊、遮遮掩掩只能使大众更糊涂，或避之；二是当事各方要共同遵守国家颁布的《农业转基因生物安全管理条例》；三是对国内机构与对国外机构管理一视同仁，不要在同一竞技场上存在光脚的和穿球鞋的一起打球的现象，否则，国内的转基因技术产品难以产业化，在这一轮竞赛中又要输他人一大截；四是一定要让消费者有全面的知情权和选择权。

四、城市化下的"果盘子"与"菜篮子"

（一）城市化下的"果盘子"

有着2 000多年栽培史的岭南水果，一直以来，人们寄予其能创造更多的社会财富。事实上，很多时候，水果的确是为社会，为岭南人创造了大量的财富。岭南佳果也成为享誉世界的地区特有品牌。

随着社会的进步，特别是21世纪的到来，全球经济一体化的步伐加快，工业化、城市化的飞速发展，使人们的生活水平大幅度提高。同时，也把农业包括果业的土地地租和其他生产成本大幅提高了，从而给果业带来前所未有的收益下降压力。而另一方面，人们又越来越关注生态环境，越来越关注自身的健康，也更注重地区特有的文化景观的发展，陶冶性情，使心灵回归自然。这样，岭南水果又有了更大的市场空间和更广阔的未来。

香港维多利亚港夜景

1. "果盘子"的今日挑战

在农业社会或工业化、城市化初期，往往是经济作物挤兑粮食作物，以城市周边更为明显。进入21世纪后，全球经济一体化加快，我国经济也迅速发展，经济发展的结果必然是城市化程度越来越高，第二、第三产业的产值在GDP中所占比重越来越大。劳动力中非农业劳动力占的比重越来越大，也就是非农部门吸引农业部门更多的劳动力，从而对农业中园艺业包括水果业等劳动密集型的产业影响将会更大。工业化、城市化的发展使土地显得更为珍贵。农业用地租金也相应大幅上升。改革开放初期，每年田地租金一般也就100～200元/亩，山地租金更只有10元/亩；而现在田地租金起码1 500元/亩以上，有些达3 000元/亩，山地租金也要500元/亩以上。劳动力从改革开放初期，农业用工50元/月，而现在200元/天是最起码的了，有些地方更是要达300元/天。肥料以进

口复合肥为例，改革开放初期为1 300元/吨，现在6 000元/吨。以上都是说明，水果生产的生产资料成本、人工、地租已大幅上升了。而产品售价未能同步上升，反而有些是没有往昔的价钱了。如荔枝在20世纪90年代桂味是200元/千克，2009年也仅是14元/千克。只有新近面市的水果品种能有几年的好价钱。生产资料等成本上升，这是第一挑战。

第二挑战是品种更新换代慢，利润空间越来越小。岭南地区原本果树种类就多，又从海外物种中心的印度、中南美、东南亚引入众多的新物种，后来又在园艺业发达的台湾省引入不少新品种，铸就了岭南水果今昔的辉煌。岭南地区也在原有的实生果树中选育了不少商品性高的优质品种，但随着全球经济一体化，国内外交往越来越多，已凸显出岭南水果优、新品种不多，原有的资源利用已近枯竭等问题。不少地区的农民总是问我们，种些什么新品种可以赚钱呢？这里也可以看出区域布局与品种布局还有大量文章可做。

第三挑战是水果从业人才越来越紧缺。前面说的只是果业劳动力方面，现在要说的是科研与经营、管理人才方面。一方面传统的水果业生产利润较之现代第二、第三产业低，因此大量人才流失到高收入产业。

山水广州

潜在缺乏的人才更为严重，无论是广东还是广西、海南，原来涉农的大学本科、大专、中专院校，种植业的招生比例越来越小，有些学校更是没有这类专业招生了。当然，经济发展，需要多方面的人才，学校为谋发展，适应社会之需，调整招生专业是必然的。专业人才匮乏，明显已不能满足现今岭南果业的盘子，更未论要把传统的岭南果业发展成能创造与同时代社会平均利润同等的产业所需之人才。显然，放任市场无形之手的作用，农业科研、经营、管理等人才将会是越来越紧缺的。我们要发挥有形之手的作用，比如可否免农业专业学生的学费，增加助学金呢？使农业发展不致因全社会经济发展初期吸引大量人才而使之人才断层。

第四挑战是现代生产要素、实用性的技术研究、推广不足。就现在国家、地区的经济发展水平，政府对农业的投入是有一定力度的。在未来，水果分散生产仍将长期存在，技术风险仍然是大果农生产过程的主要风险之一，生产者迫切地需要实用技术成果。如何体现国家对果业生产环节的支持，是迫在眉睫的。现在，很多研究都往金字塔的顶端挤，无论国家级的科研机构、省市级科研机构，都要与世界最先进的水平比

荔枝满山

大红柿

一比。事实上，农业发展，基础性前沿理论的研究是必需的，它代表某个产业科学理论水平；而农业新品种的引种、杂交选育也是基础性的，只是更实用而已，也是需要的；实用技术的研究与推广，更多是直接使生产者受益，同样是需要的。它们不应分出谁的水平更高，只是分工的不同罢了。作为产业长远考虑，我们不仅应开展基础研究、应用研究，也应做好长远规划、土壤普查、区域布局、品种选育及农民长期培训等工作。

第五挑战是岭南果业缺乏现代的经营理念。到现在为止，未见有公开的、专业权威的、通俗易懂的杂志或公众号等科普媒介。事实非常沉痛地告诉我们，当年的"香蕉黄叶病"被一位记者说是香蕉之"癌症"，导致全社会都为之恐慌，认为人吃了也得癌症，使海南香蕉产业受到致命一击，1千克仅售2角钱，当年香蕉就损失7亿元；四川柑橘大实蝇的报道又使岭南的砂糖橘大幅降价。难道我们国民的知识就如此匮乏吗？恐怕不是，隔行如隔山是真。岭南水果本来就是种类繁多，我们不去大力宣传，吃火龙果连皮吃，吃番石榴不吃皮，又能笑谁呢？又有多少国人知晓荔枝有如此之多的品种，4月有三月红，然后妃子笑、白蜡、白糖罂、桂味、糯米糍，到8月还有熟透的从化双壳怀枝。更不要说知晓熟透荔枝不上火，露水荔枝不上火，井水浸荔枝不上火等了。借助我们成功的经验，打响岭南佳果的品牌，引导消费，促进生产是迫切的。还有，生产种植、科技研究等领域信息交流也是欠缺的。就以2009年秋冬季香蕉滞销为例，是年前的低温灾害使广东、广西、海南香蕉几乎同时抽发新叶，同时上市；又由于广西不少的蔗田改种香蕉；更遇上少有的11月北方大雪，岭南香蕉北运受阻等，皆因是岭南几省区果业交流信息不够，而使香蕉产业又受一次打击。另外，我们的行业协会、专业合作社或是龙头企业对岭南果业发展的作用认识还是不足的。

之所以说今日挑战而不是说今日困局，是我们知道，当今社会发展是主题，我们还要往前走。因为，岭南果业已伴随着岭南人走过了20个世纪，她并非明日黄花，而是在新世纪的今天，社会大发展、大转型时期，同样也面临大转型的挑战，再发展的机遇。

从化双壳怀枝

2. 开创未来

岭南果业当今面临诸多的挑战，一言以蔽之，就是从事果业生产的人员与当代其他产业人员的收入不同步，落伍了。最为突出的是种植环节方面。我们经常看到、听到农业包括果业有生产功能、生态功能、生活功能、文化景观功能等，但如果生产种植者无利可图，或生产种植者未能很好分享其他功能的收益，还有谁去从事水果种植呢？2006年1月1日起废止《农业税条例》，自此，在我国延续了2000多年的农业税宣告终结，这既是农民负担重的状况得到根本性扭转，也意味着我国工业反哺农业进程提速。若干年前种水果、售水果已免了特产税，每年各级政府的财政预算都有支持农业包括水果业的专项资金。为何从事种植的农民收入难与时代其他产业人员同步？当然解决农民的收入有很多渠道，如鼓励外出打工，拿工资，或增加土地流转、出租房子等获得财产性收入。但我们必须要很清楚，如要某一产业发展，必须是从事这一产业的人员其收入或投资回报要与其他产业同步或相近；否则，如高于其他产业，就大发展，低于其他产业，就日渐式微。当然，解决农业包括

春李花开游人乐

水果业种植者收入低最直接、最简单的办法就是直接补贴。但试想，用什么办法来衡量补多少，是按土地面积如水稻一样，还是按人头？按产量？看来都难。首先是财政每年收入就是如此一个数，水果本身又是经济作物，处处都说补贴，标准又难定，更是长贫难顾。我们知道，在急需之时，授人以鱼是必要的，但我们更应营造鱼可以良好生长的水体，再授人以渔，才是长久之策。

在我国2 000多年前，恐怕是我国最早的经济学论文，司马迁《史记·货殖列传》已有记载："夫用贫求富，农不如工，工不如商，刺绣文不如倚市门。"在有市场经济圣经之称的亚当·斯密的《国富论》也有同样的论述："我们常常看见一种白手起家的人，他们以小小的资本，甚至没有资本，只要经营数十年制造业或商业，便成为富翁。然而一个世纪来，用少量资本经营农业而发财的事例，在欧洲简直没有一个。"但是，美国诺贝尔经济学奖获得者舒尔茨，在1964年出版的《改造传统农业》一书中，认为用现代生产要素改造了

今日农舍

丰水梨

187

的传统农业，即现代农业，对其投资也是有利可图的。如今，中央又英明指出，要各地区、各行业协调发展，要可持续发展。所以我们还是有信心，好好总结岭南果业昨日辉煌的成功经验，结合当今时代发展，提出几条建议，供社会、政府、同行参考。

首先，要加大力度提高农业包括水果业生产率，包括土地产出率、劳动生产率和投资回报率。现在岭南果业落后于时代发展，主要还是大范围地使用传统的生产要素。具体表现是品种推陈出新力度不足，生产管理"靠天"为主，现代可控手段单一，实用农业机械研究、推广缺少长远计划和投入力度。

岭南地区生态环境多变，种质资源丰富，又从海外引入大量新物种，具备果业发展的先天优势。传统果树繁殖主要是实生繁殖，从育种、选种角度则是可有大量新品种选择，但随着社会进步、商品经济发展、技术改进，果树主要以无性繁殖为主。其优点是突破了果品生产标准化的技术障碍，但从选育种角度，在生产环节就难以找到实生变异的新品种了。这样长期吃老祖宗留下的"财产"，怎么能致富呢？当然近几年也不断从外地引入新品种，也有一些人通过卖种苗、卖新奇产品致富了。但往往是种类不多，适应范围有限，或是未能引入相应技术，更不要说适合当地生态环境的技术了，又或是有技术也不告诉别人，想尽

采果乐

广西桂林恭城柿树

果树下，摘我园中蔬

办法垄断新技术。故此，在《改造传统农业》一书中，作者非常清晰地阐明了培育新品种、研究新技术等事只能由政府机构或非营利组织长期去做。借助地方政府的财力、科研院所的技术力量长期开展果树有性杂交育种和其他手段选育种，并在各个生态条件不同的地方试种，总结经验推广给农民，并对农民给予长期有计划的培训。打破现在很多地方农民盲目引种，由农民试错，这一被动局面。

在过去，岭南果业有很多成功的技术，但近年来，与当今生产要素变化相适应的新实用技术，应用推广得不多，如关键技术之一的水与肥管理，还是"靠天吃饭"为主。虽然岭南大多数地方降水量都超1 500毫米，但雨量不均，集中在4—8月，有些地方降水不均更为明显，如不下雨施肥也是白施的。用以色列这样干旱的国家数据就很清楚了，他们用一套可控的水肥技术，其柑橘单产是我国柑橘单产的4倍，也就是土地产出是我国的4倍，同时使用的劳动力也大幅减少。我们总是希望地区发展，要用更多的土地、更多的人力发展工业，建设城市。但假如土地产出率不提高，劳动力效率不提高，土地从哪里来？劳动力从哪里

杂交育种

红日3号

运用水肥一体化技术管理的番木瓜丰产状

来？我们必须知道："食物不仅成为世界上财富的主要部分，而且使许多其他各种财货具有主要价值的，乃是食物的丰富。"现今水果已从主要食物，发展为均衡饮食的健康必需品，果树是营造地方特有生态文化景观的有效素材。故此，我们在发展地区经济需要更多的土地、更多的劳力时，要同时或更应是提前，用现代生产要素改造传统的农业，包括果业，才能更科学、更持久地发展经济。

其次，加快开发水果业的多种功能。谈到果业功能的开发，我们很容易就想到水果的深加工，这主要是加强果品深加工技术的研究与加工品种的布局规划，要打破长期以来以劣次果、吃剩的果用于加工的旧观念。现在这里说开发水果业的多种功能，主要是开发其休闲观光、生态文化景观功能。需要注意几点：一是多种功能的开发，谁制造的功能，成本出了，收益应归其所有，或者是谁获得了功能的收益，谁付成本。还是以广州万亩果园为例，很多人都说万亩果园中果树老化、品种退化、周边环境污染。其实，这些都不是主要问题，主要问题是在大城市周边有一片如此反映珠江水乡历史文化景观、生态景观的果园，全社会都分享了，但又付了多少成本给当地呢？现今道路交通发达，工商业不断发展，使城市周边的农业与其他农业地区比较成本显得如此之昂贵，而收益与同地区不同产业之间比较又如此之低微；货币资本的投入与人力资本投入，收益率都低下，农民会下多少功夫去管理呢？只有弱化其生产功能，强化其文化景观功能与生态景观功能，万亩果园才能焕发生机活力。二是多种功能的开发，要在农业或果业发展有基础或良性发展的前提下，开展多种功能的开发。切忌在没有发展农业或果业的情况下开展所谓的农家乐，我们不要做舍本逐末、无源之水的短期风光行为。在我国现时发展农家乐是有多种方式的，如代表性的有北京潭柘寺附近农民利用1 000多年历史的寺庙条件又发展了水果种植开展农家乐、杭州梅家坞以茶田风光开展农家乐、成都龙泉驿区以四季果香开展农家乐、桂林恭城红岩村以月柿为主题结合循环农业开展农家乐、广东开平以世界文化遗产碉楼与村落开展农家乐、广州从化溪头村以赏梅果香为题材开展农家乐。这些实践都能告诉我们，只要结合

一路梅花一路诗

当地条件，尤其是在发展好农业生产的情况下开展的农家乐，农业功能的延伸开发后劲就足，客源就稳定，投入的设施建设利用效率就高，农民的增收就有保障。三是农业多种功能的开发要做好规划，提供必要的保障。在有条件开展农业多种功能开发的地方，在做好规划的基础上，允许农民的宅基地盖房子租给城市人下乡体验生活，享受自然；配套一定面积的餐饮、活动场所并做好饮食卫生管理。四是不要在发展农业好的地方或村口设关卡收门票，这将是对农民利益最大侵害，使农民难以享受多种功能开发的成果。

第三，以健康理念引导消费。大家都知道，现代社会与过去落后社会，有关人的健康、疾病最大不同是过去卫生条件差，各类传染病是常发病，或是食物不足，营养不良；而如今主要是代谢性问题，饮食不均衡问题，工作、生活压力问题引起的疾病。水果主要是起到均衡饮食的作用，而果树的春华秋实、代谢更替，又是人拥抱大自然的载物，在果林中尽可陶冶性情、娱乐身心。

海岛晨光

广西百色杧果批发市场

社会发展，势必形成不同需求的消费群体，他们有不同的消费层次，对某类产品在质量上、数量上都有不同的需求。但今时今日，在岭南大地也难找到一本公开发行的杂志、公众号等介绍岭南大地之水果产业。更没有考虑引导高端消费，带动消费，也没有促进生产的长远计划。广州作为千年商都，是历史与地理条件的必然选择。时到今天，我们也需借助广州华南中心城市的地位，加大岭南乃至世界各地优质水果的展示，引导水果的消费，再造消费优质水果新时尚；加强生产信息、产业科技研究信息的交流，促进岭南果业发展。

第四，用好现代经营模式，引导城市资本发展岭南果业。其实，在当今现实社会，经营果业成功的有行业协会、专业合作社、龙头企业、家庭农场等模式，关键要发择好各自的功能，只要是适合当地环境条件与自身条件的，它们都是好模式，都有成功的案例。

问题又回到开头的一句话，如何增加种植者的收入。我们都知道，

柑橘新品种——不知火

番石榴果园

所谓收入是投资之回报。在农村的普罗大众积蓄本来就少，何来投资呢？中央英明，允许土地流转，吸收有资金、懂生产、懂经营的人，投资农业，这是很好的开始。我们又回到亚当·斯密的《国富论》中："欧洲各国农村最大的改良，都是都市本来所累积的资本流回农村的结果。"可见，引导城市资本发展果业将使农村有大幅的改善。政府已明确要求，城市支持农村、工业反哺农业，这是对公有资产投向的要求，力度总是有限的。而我们更应考虑如何吸引更多的城市民营资本投资到农村、农业、果业。要使城市民营资本流到农村，主要从两方面考虑，一是带入资金的人们在农村要有恒产。有恒产就恒心，但这关乎城市与农村人口双向流动、土地价值与离土农民社保等诸多土地政策，这是一个大课题，不是本书讨论的范围了。二是要使流入资本有利可图。如果我们能保障不断提供改良了的果树品种和现代要素装备了的技术和人才，流入的资本有利可图是不成问题的。

（二）城市化下的"菜篮子"

　　岭南山川地貌特异，有利的自然条件使蔬菜生长旺盛，并产生一系列特有的类型和品种。岭南的蔬菜栽培起源较早，岭南人很早就懂得将野生水生植物驯化为人工栽培的蔬菜。至隋唐时，岭南人不再局限在田地上栽培蔬菜，他们还向山地、池塘、水泽、海洋"进军"。直至今日，蔬菜已由满足饮食原材料的需要，转变为构建美好生活的重要元素，差异化、优质化、品牌化和特色化成为热销蔬菜的重要指标，岭南蔬菜又迎来了巨大的发展空间。

多获由力耘

1. "菜篮子"的今日挑战

无可否认的是，城市化是推动人类社会进步的动力，也是社会进步的标志。前面已说了，不论任何时候，"民以食为天"，为此，自1988年，国务院已定下城市"菜篮子"市长负责制，在今天城市化快速发展下，2012年由国家发展和改革委员会与农业部（现农业农村部）共同编制发布的《全国蔬菜产业发展规划（2011—2020）》明确指出，全国36个大城市（包括直辖市、计划单列市和省会城市）要按照提高蔬菜特别是叶类蔬菜自给率的要求，规划确定常年菜地最低保有量（可按南方地区7～10米²/人、北方地区20～40米²/人计算）。同时，为确保大城市蔬菜均衡供应，在全国布局了蔬菜六大优势区域：华南与西南热区冬春蔬菜优势区域、长江流域冬春蔬菜优势区域、黄土高原夏秋蔬菜优势区域、云贵高原夏秋蔬菜优势区域、北部高纬度夏秋蔬菜优势区域、黄淮海与环渤海设施蔬菜优势区域。

在城市化的大背景下，民众对蔬菜的要求，除了上述卫生品质安全外，再就是供应均衡、种类丰富、新鲜优质、价格合理，还可提供田园风光享受。就现在的情况，实现民众需求主要的障碍：

首先，面对现在蔬菜市场丰富的种类，以及面对蔬菜总产量、人均占有量而出现对蔬菜生产放松的现象。

广东连州迟菜心　　　　　　　　海南蔬菜批发市场

广西贺州莴笋采收

其次，效益不高致使生产动力不足或生产不规范。蔬菜产业在农业中效益是较高的，但与快速发展的第二、第三产业相比，效益还是不高，尤其是在城市郊区县。

沙葛

广州南沙水瓜连片种植

海南豆角连片种植

第三，现代园艺设施未能很好地使用。在发达国家依靠现代园艺设施发展高效农业包括蔬菜产业，是非常有效的手段，尤其是生产"生食"类的蔬菜更是需要这些设施保障产品不受致病微生物污染。这里需强调的是，我国不只是需要加强园艺设施的建设，更主要是如何运用这些园艺设施实现高效生产，以缩小与发达国家的巨大差距。

第四，未能很好认识到城市周边园圃业的发展，不仅能改善城市生态自然环境，更能使我们记住"乡愁"，保留族群文化。要知道我国传统节日大多是以农耕为基础，与西方节日以宗教为基础甚为不同。之所以现时我们传统节日被不断淡化，与我国在大力发展工业、城市的同时，未能使农业随时代而发展不无关系。

第五，随着城市化的迅速发展，原本近郊的优质蔬菜品种、优质品牌也随之消失，有待我们再收集、整理和发展。

山药藤

紫山药

广州水乡苦瓜生长结瓜状况

2. 话蔬仍耕

早在清代，袁枚在《随园食单》就有介绍："菜有荤素，犹衣有表里也。富贵之人嗜素，甚于嗜荤。"这里的菜是菜式之意，而素即我们今天说的蔬菜类。

无论是发展市场经济抑或推进城市化，都是为顺应人类社会发展的规律，使人们生活水平不断提高，生活水平的提高，势必对蔬菜要求更多、更高。

食物包括蔬菜，是人们生存的必需品，它不同于一般商品，不能放任市场之手。为此，国家坚守18亿亩的耕地红线，保障我们盛食物的碗端在自己手上。蔬菜作为农业中效益较高的产业，为守住耕地红线做出了贡献。随着第二、第三产业发展，政府、消费者对蔬菜更关注的是可持续发展和卫生品质问题，而生产者则希望能与第二、第三产业同步发展，有相应的劳动回报。可见，如何实现持续发展、卫生品质的高要求和劳动回报的高期望，是市场经济和城市化发展背景下要处理的核心问题，处理得好，传统的蔬菜产业必定再一次发展，进入现代蔬菜产业。

自动化喷灌种植蔬菜

现在的情况如依照农耕时代的《齐民要术》一书来指引耕作，肯定是行不通的。纵观历史抑或借鉴他山之石，都说明不论是过去为了实现四季丰盈，还是今天关心的蔬菜卫生安全、持续发展和高效益，都离不开政策取向和科技推动这两招，只不过是招式有所变化和着力点不同而已，我们可从伟人和先贤的理论中进一步得到启发。

马克思在《资本论》中提出："土地本身是劳动资料，但是它在农业上要起劳动资料的作用，还要以一系列其他的劳动资料和劳动力较高的发展为前提。各个经济时代的区别，不在于生产什么，而在于怎样生产，用什么劳动资料生产。"

美国经济学家舒尔茨凭借1964年出版的《改造传统农业》于1979年获诺贝尔经济学奖。他在书中指出，用现代生产要素改造了的传统农业，即现代农业，对其投资也是有利可图的。书中几段话很值得我们在传统农业向现代农业转变阶段所认真学习的。现摘录如下：

"改造传统农业的关键是要引进新的现代农业生产要素。①建立一套适于传统农业改造的制度；②从供给和需求两方面为引进现代生产要素创造条件；③对农民进行人力资本投资。

"现代物质投入品很少是现成的。这些投入品很少能够以其现有的形式被采用并引入一个典型贫穷社会的耕作中。它们应该适应于一个贫穷社会特殊农业环境。生物条件的差别特别重要,其中许多与纬度的差别有关。

"各地的土壤也有很大差别,而这些差别对作物、肥料、水和耕作要求都有重大影响。技术先进的国家里很少有什么再生产性农业要素可以现成地用于大多数贫穷社会。

"必须使大部分基础研究和部分应用或开发研究社会化。如果基础研究完全依靠营利的私人企业,那么对这种研究的投资必然会很少。

"私人企业的支出必定比最优支出多,这是由于许多收益不能由该企业所得到而广泛地扩散了某些收益归其他企业,而某些收益归消费者。即使私人企业获得了强有力的专利保护,它们也不能占有由这种研究所得到的全部收益。"

我们认为,依据实际需求和理论的结合,今天蔬菜产业发展要重点抓以下几方面:

第一,坚守18亿亩耕地,贯彻落实每年中央一号文件精神。做好工业发展和城市发展规划,不能随意变更,使耕作的农民有一个比较稳定的预期,爱护土地。对因工业、城市发展影响污染了的农地,而使其不适合发展食物生产,需要转变其他农业用途的应给予补偿。对连作种植,一方面用技术和安全生产进行要求和指导,另一方面用财政资助开展轮作,确保产品安全和耕地可持续发展。

第二,在生态气候有代表性的地区,针对当地发展的主要蔬菜种类,持续开展安全高效技术研究与示范和农民培训。现在的情况是,全国各地有关开展蔬菜研究的机构从上到下都重点搞品种选育研究。我们姑且不讨论哪些种类与国外相比孰优孰劣,很主要是品种选育的成功,收益很容易归选育机构、选育者获得,而安全高效栽培技术的研究成功,大部分的收益是消费者和其他耕作者所得,所以这项工作一定是公益性的,需要国家和各地财政长期稳定的支持。现在还有一个问题是,各地的农业科研机构由于城市的发展，其科研生产地几乎都向外搬迁。配合城市发展是有必要的，但是最典型的例子是相关科研机构24个月搬2次或者是10年仍在搬迁中。在此情况下，要求这些机构为人们最关心的蔬菜卫生品质安全制订栽培技术规程，为生产者研究示范高效技术，未免太难了吧。

第三，加强蔬菜种质资源收集和地方优势品种选育。城市化发展或多或少破坏了一些地方优质生物资源，做好蔬菜种质资源的收集，可以为众多育种机构提供育种材料，使社会利益最大化。同时，政府应有目地地资助有关公益机构开展具有地方特色与地方优势的蔬菜品种选育，从而推广给农民，促进农民增收，至于高产、优质、抗性强、易管理等的品种选育就支持商业育种机构开展。

第四，加强园艺设施的建设，重点是研究运用园艺设施高效应用技术。一是缩小与发达国家在这方面的技术差距；二是更好满足当今消费者多元化的需求；三是促进现代蔬菜产业的发展。

第五，建立完善蔬菜安全监测

甘肃酒泉洋葱连片种植

广州葱连片种植

广州沙葛连片种植

蔬菜设施栽培

管理体系。一是做好农产品产地保护和生产环境监测；二是加强农药、肥料等投入品管理；三是组织实施例行监测；四是开展产品认证，发展无公害农产品蔬菜，鼓励发展绿色食品和有机食品蔬菜；五是做好蔬菜质量标准体系、检测体系、溯源和风险评估等支撑工作。

第六，加强优质蔬菜价值观念认识和科普知识的宣传。安全、优质蔬菜的生产成本、管理成本、监管成本都是较高的，社会和消费者则要求蔬菜价钱不要涨。但成本高了，生产者无利可图，他愿意做吗？所以，只要是在市场经济充分竞争下，生产者既然是蔬菜安全、优质的第一责任人，他就可以享受优质优价的成果。

科普知识的宣传普及，对相关产业的健康发展是很有利的，希望对大家今后食用蔬菜、享受蔬菜能有所帮助吧。